NOURRITURE

DES

CHEVAUX DE TRAVAIL

IMPORTANCE RELATIVE
DES DIVERS PRINCIPES IMMÉDIATS QUI ENTRENT DANS LA COMPOSITION
DES SUBSTANCES ALIMENTAIRES

RATIONS NORMALES — RATIONS ÉCONOMIQUES

PAR

J.-H. MAGNE

DIRECTEUR DE L'ÉCOLE D'ALFORT

Extrait de l'HYGIÈNE VÉTÉRINAIRE APPLIQUÉE

PARIS

GARNIER FRÈRES, LIBRAIRES-ÉDITEURS
6, RUE DES SAINTS-PÈRES, ET PALAIS-ROYAL, 215

NOURRITURE

DES

CHEVAUX DE TRAVAIL

PARIS. — IMP. SIMON RAÇON ET COMP., RUE D'ERFURTH, 1.

NOURRITURE

DES

CHEVAUX DE TRAVAIL

IMPORTANCE RELATIVE
DES DIVERS PRINCIPES IMMÉDIATS QUI ENTRENT DANS LA COMPOSITION
DES SUBSTANCES ALIMENTAIRES

RATIONS NORMALES — RATIONS ÉCONOMIQUES

PAR

J.-H. MAGNE

DIRECTEUR DE L'ÉCOLE D'ALFORT

Extrait de L'HYGIÈNE VÉTÉRINAIRE APPLIQUÉE

PARIS

GARNIER FRÈRES, LIBRAIRES-ÉDITEURS

6, RUE DES SAINTS-PÈRES, ET PALAIS-ROYAL, 215

1870

AVANT-PROPOS

Il devient de plus en plus difficile de nourrir les chevaux avec du foin et de l'avoine à cause du prix élevé de ces aliments, et cependant les fourrages et les grains, — la luzerne, le trèfle, les fèves, le seigle, l'orge, le sarrasin, — avec lesquels on les remplace ordinairement, ne peuvent pas entretenir les chevaux auxquels on demande un travail en rapport avec la force de leur constitution.

Aucune des nombreuses rations, dites économiques, essayées depuis trente ans, n'a pu remplir le but auquel on les destinait ; toutes affaiblissaient les animaux, les rendaient malades même, et cependant elles étaient composées généralement avec les substances que nous sommes accoutumés à considérer comme les plus nutritives du règne végétal.

La comparaison de la composition chimique de ces rations avec celle du foin et de l'avoine, nous avait démontré qu'elles contenaient toutes moins d'éléments respiratoires que les deux aliments dont une pratique séculaire a fait constater les excellents effets.

D'un autre côté, les faits démontrent que parmi les aliments qui peuvent être donnés aux chevaux de travail, les plus appropriés à l'entretien de ces animaux sont ceux qui contiennent autant ou même plus de principes respiratoires que le foin et l'avoine.

De ces observations nous avons conclu :

Que le foin et l'avoine sont des aliments types pour la nourriture des chevaux de travail.

Que pour former des rations qui puissent les remplacer, il faut les composer de manière qu'elles s'en rapprochent par leur composition chimique.

Enfin, que les principes respiratoires, et en particulier les corps gras, ont pour la nourriture des chevaux de travail une importance que la science moderne explique du reste de la manière la plus complète.

Le but de ce petit travail, extrait de la troisième édition de notre *Hygiène vétérinaire appliquée*, est de démontrer ces propositions, et de donner des modèles de rations normales et de *rations économiques*, pouvant entretenir les chevaux en santé et en état de suffire à tous les travaux que nous en exigeons.

NOURRITURE

DES

CHEVAUX DE TRAVAIL

Pour résoudre le problème complexe que présente l'étude de la nourriture, nous allons rechercher : quels sont les principes immédiats les plus importants au point de vue de l'alimentation du cheval, quels sont les aliments végétaux qui contiennent ces principes en plus justes proportions, et quelles quantités d'aliments réclament les chevaux pour faire de bonnes journées de travail, soit qu'on les nourrisse avec le foin et l'avoine, soit qu'on veuille remplacer ces deux aliments par d'autres denrées alimentaires et composer des rations économiques.

§ 1ᵉʳ. — Des principes immédiats qui entrent dans la composition des substances alimentaires.

Trois ordres de principes immédiats doivent surtout être étudiés pour la détermination des équivalents nutritifs des aliments végétaux et pour la fixation des rations, parce qu'ils jouent un rôle important dans la nutrition et qu'ils varient en quantité dans les différents aliments : les principes *azotés*, désignés aussi sous le nom d'*albuminoïdes*, — fibrine, gluten, caséine, légumine, etc ; les *principes neutres solubles*, désignés aussi sous le nom de *saccharoïdes*, — sucre, glucose, fécule, gomme, etc…; les *principes gras*, — huiles, essences, résines, etc. D'après le rôle qu'ils remplissent dans l'économie animale, on appelle *plastiques* les principes azotés, et *respiratoires*, les principes neutres et les corps gras.

Nous ne croyons pas nécessaire de faire une étude particulière des principes *végétaux insolubles*, du ligneux, de la cellulose, ni des *matières minérales*, quoique nécessaires, les premiers pour lester les animaux, les autres pour constituer les organes. Les premiers sont fournis principalement par les aliments fibreux, et quand les rations contiennent, même en petite quantité, du foin et de la paille, elles en renferment assez. Quant aux matières minérales, leur valeur tient surtout aux phosphates qu'elles renferment, et c'est dans les grains et les graines que ces sels se trouvent en plus grande quantité : *plastiques* comme les éléments azotés, les phosphates sont en quantité proportionnelle à l'azote dans les aliments, de sorte qu'une ration assez riche en albuminoïdes, contient assez de matières minérales.

I. — COMPOSITION DE CES PRINCIPES ET RÔLE QU'ILS JOUENT
DANS L'ALIMENTATION

Les **principes azotés** ou **albuminoïdes** sont composés à peu près de :

Carbone	54	Oxygène	24
Hydrogène	7	Azote	46

Ils concourent à former et à entretenir les organes : les viscères, les glandes, les muscles, les os, etc… Ils servent aussi à réparer les pertes que font les animaux sous forme de poils, d'épiderme, d'épithélium, de mucus, de caséum, etc. Justement appelés *plastiques*, ils représentent en quelque sorte le métal qui sert à former et à réparer la machine : les principes azotés végétaux se retrouvent avec la même composition dans les tissus animaux qu'ils ont contribué à former.

Composer les organes, tel est le rôle principal, mais non cependant exclusif, des principes azotés. Depuis l'époque où ces principes ont été appelés *plastiques*, la science a démontré qu'ils s'oxydent en partie dans l'économie animale ; on a même remarqué que la production des corps, créatine, urée, qui résultent de la combustion des albuminoïdes, est plus active pendant l'exercice que dans le repos ; mais la légère augmentation qu'elle éprouve démontre que cette combustion ne contribue que pour une faible part à la production de la chaleur animale.

Les **principes** immédiats **neutres** ou **saccharoïdes** et les **corps gras** sont exclusivement formés de carbone, d'oxygène et d'hydrogène. Les chimistes et les physiologistes les réunissent sous le nom d'*éléments respiratoires*, d'*éléments thermogènes* ou *dynamogènes*, parce que, par la combinaison de leur carbone et de leur hydrogène avec l'oxygène, ils produisent la chaleur animale et la force motrice. Quoique concourant les uns et les autres au même but, ils doivent être distingués au point de vue de leur valeur alimentaire.

Les *principes saccharoïdes* renferment pour 100 de 36 à 44 de carbone, soit en moyenne 42. L'hydrogène et l'oxygène s'y trouvent en proportions telles, qu'ils se saturent réciproquement et forment de l'eau. Leur composition peut donc être représentée par :

Carbone. 42   Eau. 58

Tous les *corps gras* sont formés d'une forte quantité de

carbone et d'hydrogène; quelques-uns même sont dépourvus d'oxygène. D'après M. Boussingault, les huiles et les graisses, quelle que soit leur origine, contiennent en moyenne :

Carbone 79, hydrogène 11, oxygène 10.

Au point de vue de l'alimentation des animaux, on peut sans inconvénient prendre cette composition comme étant celle de tous les corps gras contenus dans les aliments ; on peut admettre aussi que 10 centièmes d'oxygène sont combinés avec 1,25 d'hydrogène et forment de l'eau. Il reste donc 9,75 d'hydrogène libre, de sorte que la valeur thermogène des corps gras peut être représentée par 79 de carbone, et 9,75 d'hydrogène.

Nous ne pouvons pas exprimer cette valeur en additionnant les 79 de carbone avec les 9,75 d'hydrogène, ces deux corps ayant une puissance calorifique différente : un gramme de carbone produit en brûlant 8,08 unités de chaleur ou *calories* [1], et un gramme d'hydrogène en produit 34,5.

Mais à l'aide de cette donnée scientifique, nous pouvons facilement obtenir l'équivalent en carbone de l'hydrogène, et exprimer par un chiffre la valeur thermogène des corps gras ; il nous suffira de multiplier 9,75 d'hydrogène libre que ces corps contiennent, par 34,5 calories que donne en brûlant chaque gramme d'hydrogène. Nous aurons, provenant de cette multiplication, 336,37 qui, divisés par 8,08, nombre de calories produit par la combustion d'un gramme de carbone, donneront 41,5. C'est l'équivalent en carbone de 9,75 d'hydrogène.

Nous croyons donc être dans le vrai, en attribuant à cha-

---

[1] On appelle unité de chaleur ou *calorie*, la chaleur nécessaire pour élever la température de 1 kilogramme d'eau, de 0° à 1°; et pour faire comprendre l'importance que nous attachons à la composition des aliments, à leur richesse en principes thermogènes, il nous suffira d'ajouter qu'une unité de chaleur peut produire 425 unités de travail (*voy.* p. 415).

que 100 grammes de matières grasses contenues dans les aliments, une valeur calorifique représentée par :

$$\left.\begin{array}{l}\text{Carbone} \dots\dots\dots\dots\dots\dots\dots\dots\dots\dots 79 \\ \text{Hydrogène (équivalent en carbone)} \dots\dots 41,5\end{array}\right\} = 120,5$$

Soit 120^{gr},5, valeur en carbone.

Nous avons vu que la division des principes immédiats digestifs en plastiques et en respiratoires, n'est pas très-rigoureuse, qu'une partie du carbone des premiers peut s'oxyder et produire de la chaleur. Nous croyons, cependant, que pour l'étude pratique des aliments, pour la fixation des rations, on peut sans inconvénients considérer ces deux ordres de principes comme remplissant chacun un rôle particulier et distinct; que l'on peut même dans des appréciations qui ne sauraient être qu'approximatives, représenter les principes plastiques par leur azote et les principes respiratoires par le carbone contenu dans les corps neutres et dans les corps gras, et par l'hydrogène libre qui se trouve dans ces derniers.

Nous résumerons cet aperçu de la composition des principes immédiats en prévenant que, dans tous les calculs nécessités par l'étude des aliments et des rations, nous admettrons que :

100 parties de principes saccharoïdes contiennent 42 de carbone ;
100 parties de corps gras représentent 120,5 valeur en carbone ;
100 parties de matières albuminoïdes contiennent 16 d'azote ;

Que par conséquent :

100 d'azote représentent 625 d'albuminoïdes.

II. — IMPORTANCE RELATIVE DES DIVERS ÉLÉMENTS NUTRITIFS POUR LA NOURRITURE DU CHEVAL

En 1856, alors que nous rédigions la troisième édition de notre Hygiène générale, nous avons été amené à reconnaitre, en cherchant à nous rendre compte des effets produits

par les rations dites économiques, essayées alors en si grand
nombre, que les principes azotés n'ont pas, pour la nourriture des chevaux soumis à des travaux très-pénibles, l'importance qu'on leur a longtemps attribuée, à reconnaître
aussi la nécessité de fournir à ces animaux une nourriture
très-riche en principes hydro-carbonés.

Nous avions remarqué que toutes les rations qui, relativement à leurs principes plastiques, contiennent sensible-
ment moins de corps gras que le foin et l'avoine, ne peuvent pas entretenir en bon état les chevaux soumis à des
allures rapides, tandis que celles qui en contiennent autant et celles qui en contiennent plus, les nourrissent très-
bien.

Généralisant les conclusions qui résultent de cette observation, nous avons considéré le foin et l'avoine comme des
aliments types, des aliments qui renferment en proportions
convenables les principes nécessaires à l'alimentation du
cheval, et une ration contenant au moins de 324 à 330 parties de corps gras pour 625 de principes albuminoïdes (ou
pour 100 d'azote), comme indispensable au bon entretien
du cheval qui fait des travaux pénibles.

Comme nous n'avions pas à fixer la quantité de nourriture à distribuer, mais seulement à apprécier ses effets
selon sa composition, nous négligions de tenir compte des
corps neutres. Nous nous bornions à faire observer que la
quantité des corps neutres est à peu près égale dans tous
les aliments que l'on substitue ordinairement les uns aux
autres, tandis que celle des corps gras est trois, quatre fois
plus considérable dans certains grains que dans d'autres.
D'où nous avions conclu, qu'on peut apprécier les qualités de la nourriture d'après le rapport des corps gras à
l'azote.

Ayant aujourd'hui à fixer les rations, nous devons chercher à déterminer aussi exactement que possible la valeur

nutritive absolue des divers aliments, et par conséquent, tenir compte de tous les principes alimentaires qu'ils renferment : dans ce but nous évaluerons en carbone toutes les matières combustibles contenues dans les éléments respiratoires.

L'étude plus complète des aliments confirmera du reste, nous allons le voir, les appréciations théoriques et les règles pratiques que nous avions déduites par le raisonnement, un peu *a priori*, des faits observés.

Depuis l'époque où nous avons reconnu, en nous basant sur de nombreuses observations, sur des essais de rations de toutes sortes, la nécessité d'une forte quantité de corps gras dans la nourriture des chevaux, la science a fait des progrès et nous n'avons plus besoin de réfuter des objections qui nous étaient alors opposées.

Nous nous bornerons à rappeler : que le travail mécanique est produit par du calorique qui se transforme en force motrice (*voy.* page 413), que le calorique, dans les animaux, provient de la combinaison des corps combustibles contenus dans les aliments avec l'oxygène, et que les aliments en dégagent plus ou moins selon leur composition ; à rappeler aussi, que la nécessité de fournir aux chevaux de travail une nourriture riche en carbone est prouvée par la quantité d'eau et d'acide carbonique exhalée et par la quantité d'oxygène consommée pendant l'exercice.

L'expérience démontre en effet, que la production de l'acide carbonique et l'absorption de l'oxygène sont relatives à l'activité des phénomènes respiratoires, qui elle-même augmente comme les fatigues : le nombre des mouvements respiratoires qui, dans le cheval, est, pendant le repos, de 12, 14, 16 par minute, s'élève à 40, 50 et plus pendant l'exercice au trot. D'après Lassaigne, un cheval expire dans le repos 341^{gr},69 d'acide carbonique par heure, et 745^{gr},90 après 15 minutes d'exercice ; dans le premier cas, il brûle

$95^{gr},58$ de carbone, et $205^{gr},65$ dans le second. D'un autre côté, Lavoisier avait remarqué qu'un homme qui consomme 24 litres d'oxygène par heure, au repos, en absorbe 65 quand il travaille. De nos jours, les mêmes phénomènes ont été constatés sur l'homme et sur les animaux par plusieurs expérimentateurs.

Ces expériences font comprendre la nécessité de fournir au cheval l'*élément combustible* en quantité suffisante pour l'utilisation de la machine animale. En traitant des rations, nous verrons quelle est cette quantité selon le poids des animaux, et à peu près selon les services que l'on veut en obtenir. Nous n'avons à étudier ici que le rapport qui doit exister entre les éléments respiratoires et les éléments plastiques, et en second lieu, les caractères, les effets produits par chacun des principes respiratoires en particulier.

La valeur alimentaire des principes non azotés, du sucre, des huiles, a été longtemps méconnue, par suite des expériences de Magendie qui avaient fait considérer ces principes comme non nutritifs. Leur utilité est cependant évidente, quand on compare, d'après l'expérience vulgaire, la convenance des divers aliments à leur composition chimique, comme lorsqu'on étudie les effets des divers aliments sur les animaux.

Dès 1844, la commission d'hygiène hippique avait remarqué dans ses expériences sur l'alimentation des chevaux de troupe, que l'avoine et la paille sont les aliments qui conviennent le mieux aux chevaux, que l'orge vient après l'avoine et la paille ; ensuite le seigle : « que l'avoine et la paille, consommées en quantité moindre que le foin, donneraient aux chevaux une meilleure condition et plus de vigueur. »

La commission avait donc reconnu que les aliments les plus riches en carbone, proportionnellement à leur azote, sont les meilleurs ; mais les physiologistes les plus compétents, préoccupés du résultat des expériences de Magendie que nous venons de rappeler, étaient persuadés que la valeur nutritive des aliments est proportionnelle à leur richesse en azote. Aussi la commission se bornait-elle à dire, après avoir écrit la phrase précédente : « Cette première donnée expérimentale devra être prise en considération dans la détermination des équivalents nutritifs, d'autant plus, ajoutait le rapporteur, qu'elle ne concorde pas sur tous les points avec les données théoriques de l'analyse chimique[1]. »

Ces données expérimentales concordent très-bien au contraire avec les données théoriques de l'analyse chimique, et ce qui faisait méconnaître l'importance des déductions que l'on pouvait en tirer, c'est l'opinion qui dominait alors relativement aux besoins des animaux, opinion qui faisait apprécier la valeur des aliments exclusivement d'après leur richesse en azote.

Les deux ordres de principes que nous comparons sont nécessaires à la nutrition, mais inégalement, selon l'état de l'animal consommateur. Un cheval adulte de 500 kilogr. demande pour son entretien une quantité de principes plastiques, que M. Boussingault évalue à 2 gr. par kilogr. de son poids. Cette quantité doit peu varier, quel que soit le travail que l'on exige des animaux : une machine, une fois construite, n'a pas besoin de beaucoup de métal pour son entretien et sa réparation.

Il n'en est pas de même des principes respiratoires. Agissant surtout comme combustible, ils sont consumés en plus forte quantité quand les mouvements de la machine qu'ils font mouvoir sont accélérés. De là résulte la nécessité de s'attacher au moins autant à la richesse des aliments en carbone, qu'à leur richesse en azote, et de maintenir une

[1] *Recueil de Mémoires et d'observations sur l'hygiène vétérinaire,* t. 1, page 38.

forte proportion d'éléments hydro-carbonés dans la ration du cheval auquel on demande des efforts violents ou une allure rapide.

Il y a même un grand avantage à ce que le carbone nécessaire aux chevaux qui travaillent soit fourni par une quantité proportionnellement plus grande de corps gras. Nous ne méconnaissons pas l'importance des corps neutres comme producteurs du calorique, mais nous rappellerons que pour 42 de carbone, ces corps contiennent 58 d'eau; tandis que pour 120,5 de carbone ou son équivalent combustible, les corps gras en contiennent à peine. N'est-ce pas à cette composition des corps neutres qu'il faut attribuer la faiblesse, la disposition à transpirer, que l'on remarque sur les chevaux nourris avec des pommes de terre, et même avec du seigle, de l'orge, du blé?

Dans le foin et l'avoine, que nous pouvons prendre pour type, le carbone des éléments respiratoires est à l'azote :

Dans le foin, comme 2020 est à 100.   Dans l'avoine, comme 1919 est à 100.

Pour qu'une nourriture suffise aux besoins du cheval qui travaille, il faut qu'elle contienne au moins cette quantité de carbone relativement à l'azote; il faut de plus, si l'on tient à obtenir des chevaux tous les efforts ou toute la vitesse que leur organisation comporte, que le carbone soit fourni par des aliments dans lesquels ce combustible se trouve concentré, comme dans l'avoine et le foin par exemple, aliments qui se distinguent par une forte proportion de corps gras. (*Voy.* p. 386.)

Quels sont les effets qui peuvent être produits, soit par un excès de principes plastiques, soit par un excès de principes respiratoires dans la nourriture?

Les principes plastiques sont surtout des matériaux de construction. Une fois que la croissance est terminée, et quand ils ne servent pas à créer des produits spéciaux : lait, fœtus, sperme, etc., ils n'ont qu'un emploi limité à l'entretien des organes, et s'ils sont pris en excès, ils restent en circulation dans le sang dont ils doivent modifier les propriétés.

Les principes respiratoires, au contraire, sont des produits de consommation ; ils sont constamment employés, usés, en grande quantité, et s'ils sont pris au delà de ce que les besoins des animaux exigent, ils se déposent dans un tissu destiné à les recevoir, et sans qu'il en résulte aucun dérangement fonctionnel, ils restent comme en réserve entre les organes. Il y a certainement avantage à faire dépenser en travail tout le carbone et l'hydrogène disponibles de la nourriture ; mais si ces deux corps ne sont pas immédiatement brûlés, ils restent en dépôt sous forme de graisse ; ils sont en disponibilité, pour fournir à la respiration dans le cas où une nourriture insuffisante en rendrait l'utilisation nécessaire.

Il serait impossible d'établir pour tous les cas, même en restreignant cette étude à la nourriture du cheval, le rapport qui doit exister entre les principes plastiques et les principes respiratoires de la nourriture. Un poulain pour fournir à sa croissance, un étalon dans la saison de la monte pour la formation du sperme, la jument qui porte un fœtus, celle qui allaite, ont besoin d'une quantité proportionnellement plus forte de principes albuminoïdes qu'un cheval adulte qui ne doit subvenir qu'à son entretien. Et ce dernier dépensera beaucoup plus de carbone et aura besoin d'une nourriture proportionnellement plus riche en principes respiratoires, dans laquelle par conséquent la proportion des albuminoïdes sera moindre, s'il fait des travaux très-pénibles, que s'il travaille modérément.

Quand on connaît le rôle que jouent dans la nutrition les deux ordres de principes immédiats que nous venons de comparer, il est facile de régler la nourriture de manière à répondre aux besoins des animaux. Nous reviendrons du reste aux chapitres multiplication et élevage sur la nourriture des reproducteurs et des poulains.

§ 2. — Revue des aliments le plus souvent employés pour nourrir le cheval.

Nous diviserons les aliments, pour faciliter leur étude au point de vue de leurs effets et des modifications qu'il y a souvent intérêt à faire subir aux rations des chevaux, en trois catégories : en aliments types, ou qui renferment les quantités de principes plastiques et de principes respiratoires nécessaires pour nourrir convenablement les chevaux de travail ; en aliments qui contiennent un excès de principes plastiques ; en aliments riches en principes respiratoires, et pouvant être mêlés avec ceux qui en manquent pour former de bonnes rations. Nous examinerons en quatrième lieu quelques produits végétaux qui sont souvent donnés aux chevaux comme complément des rations.

I. — ALIMENTS TYPES

Le foin des prairies naturelles et l'avoine sont les aliments les plus appropriés à l'organisation du cheval. Bien administrés, ils l'entretiennent en bon état et lui donnent même beaucoup d'énergie.

Le foin est composé pour 100 de :

Matières albuminoïdes.	7,20	Acide phosphorique.	0,40
Matières saccharoïdes	44,40	Autres matières minérales.	7,20
Corps gras.	5,80	Eau.	15 »
Ligneux, cellulose.	24,40		

L'avoine de :

Matières albuminoïdes.	10,60	Acide phosphorique.	0,58
Matières saccharoïdes.	61,90	Autres matières minérales.	5,32
Corps gras.	5,50	Eau.	14 »
Ligneux, cellulose.	4,40		

Si nous réduisons les éléments plastiques à leur azote et

les éléments respiratoires à leur carbone (y compris l'hydrogène représenté par son équivalent calorifique en carbone, *voy.* p. 577), nous aurons pour 100 :

> Dans le foin : 1,15 d'azote et 23,25 de carbone.
> Dans l'avoine : 1,70 d'azote et 52,65 de carbone.

Ce qui donne pour 100 d'azote :

> 2020 de carbone dans le foin, 1919 dans l'avoine.

Les corps gras sont à l'azote :

> Comme 330 est à 100 dans le foin. Comme 321 est à 100 dans l'avoine.

Ces deux aliments contiennent donc dans la *même proportion*, les principes qui jouent le plus grand rôle dans l'alimentation.

Pour remplacer 1 kilogramme de foin il faut en avoine :

Pour les matières albuminoïdes.	Pour les matières saccharoïdes.	Pour les corps gras.	Pour l'acide phosphorique.
680gr.	710gr.	690gr.	690gr.

ce qui explique pourquoi ils peuvent être en partie substitués l'un à l'autre sans désavantage pour les animaux. Il suffit en effet de les mêler en des proportions différentes selon le plus ou le moins de travail que l'on veut obtenir, de donner proportionnellement plus d'avoine et moins de foin, quand la ration doit être plus forte.

La proportion entre les principes plastiques et les principes respiratoires que nous trouvons dans le foin et dans l'avoine, se rencontre dans d'autres denrées alimentaires.

> La pomme de terre contient 2180 de carbone pour 100 d'azote.
> La betterave de Silésie.. . . 2012   »   »   »
> La carotte blanche.. 1990   »   »   »
> Le topinambour.. 2157   »   »   »

Ces aliments ont été souvent introduits dans la ration des chevaux de ferme, et en particulier par M. Boussingault qui nous fournit les éléments de cette comparaison, mais pour remplacer 1 kilogramme de foin il faut :

	Pour l'azote.	Pour le carbone.
En pommes de terre.	2,825	2,664
En betteraves de Silésie.	4,600	4,648
En carotte blanche.	4,791	4,859
En topinambour.	5,484	5,262

Ils donnent donc un volume considérable à la ration, et, en outre, ils ont le grave inconvénient de contenir beaucoup d'eau, soit libre, soit dans les saccharoïdes qui forment la presque totalité de leurs éléments solides. Le cheval, qui avec 1 kilog. de foin, prend 587 grammes d'eau, en prendrait, si on lui distribuait l'équivalent de ce kilogramme :

En pommes de terre.	2,518	En carottes	4,431
En betteraves	4,475	En topinambour	5,084

Aussi ces aliments n'ont-ils jamais été considérés comme propres à constituer la base de la nourriture du cheval, et nous n'en parlons ici que pour faire comprendre qu'il ne suffit pas pour que le cheval soit *bien nourri*, qu'il trouve dans sa nourriture la quantité voulue de principes alimentaires, qu'il faut encore que ces principes soient suffisamment concentrés comme ils le sont, par exemple, dans les aliments que nous prenons pour types. L'étude de la composition chimique des aliments nous a de plus en plus convaincu que nous étions dans le vrai, quand nous avons énoncé, d'après la simple observation des faits, qu'un aliment ou une ration destinée au *cheval qui travaille*, doit, pour être bonne, se rapprocher du foin et de l'avoine par la quantité de ses corps gras relativement à son azote. Nous allons voir, en poursuivant cette revue, que cette proposition est confirmée par les effets des aliments qui nous restent à étudier.

Les deux aliments types renferment-ils réellement tout ce qui est nécessaire à l'entretien du cheval et ne renferment-ils rien de plus ? A la première question nous croyons pouvoir répondre d'une manière affirmative en nous basant sur les faits nombreux qui se produisent journellement sur la plus grande échelle ; et, quant à la seconde, nous nous bornons à dire qu'en admettant que l'un des principes constituants des aliments y soit en excès, cet excès n'exerçant pas sur les animaux des effets nuisibles, peut être négligé, serait-il perdu, à cause de son peu d'importance.

Après les travaux des chimistes, des physiciens et des physiologistes sur les causes de la chaleur animale, sur la théorie mécanique de la chaleur et les rapports qui existent entre la chaleur et le mouvement (page 413), nous sommes autorisés à admettre que le foin et l'avoine doivent leurs qualités comme aliments pour le cheval, à leur richesse en corps gras, à la forte quantité de carbone et surtout d'hydrogène qu'ils contiennent. Mais il reste à savoir s'ils ne doivent pas aussi leur supériorité à leur odeur, à leur principe aromatique excitant, à ce que les chevaux les mangent avec plaisir, les digèrent bien et en utilisent tous les principes ?

Ces deux aliments ont à ce point de vue une supériorité incontestée. Beaucoup de chevaux habitués à s'en nourrir souffrent quand ils en sont privés. Un effet identique se produit souvent chez l'homme : celui qui est habitué au pain blanc, à la viande, au vin, souffre quand il est obligé de faire usage d'autres aliments et d'autres boissons. Faut-il conclure de là que ces trois substances sont indispensables à l'existence du genre humain ?

A la rigueur cette comparaison ne résout pas la question complètement, mais nous verrons en parlant de la fixation des rations que des chevaux s'entretiennent très-bien tout en faisant des travaux pénibles avec des aliments autres que le foin et l'avoine, pourvu que, par leur composition chimique, ces aliments représentent la ration type, principalement en éléments albuminoïdes et en éléments hydro-carbonés, en hydro-carbures.

Avant que la science eût expliqué la supériorité du foin

et de l'avoine pour la nourriture du cheval, l'expérience avait fait apprécier les qualités de ces aliments. Aussi l'usage s'en est-il de plus en plus répandu, et ils sont devenus d'un prix excessif depuis que les chevaux sont très-nombreux dans les villes.

D'un autre côté il peut arriver et il arrive souvent, qu'on manque de foin et d'avoine pour nourrir les chevaux de troupe en campagne, et qu'il serait important de connaître quels sont les aliments les plus propres à remplacer les rations réglementaires.

Les denrées employées ordinairement dans nos pays pour remplir cette destination renferment un excès de principes plastiques et ne peuvent être utilisées avec avantage que mêlées à des denrées assez riches en principes respiratoires pour les compléter ; ces circonstances donnent un grand intérêt à l'étude des aliments au point de vue de leur composition et de leur équivalence.

II. — ALIMENTS INSUFFISANTS, QUI MANQUENT DE PRINCIPES THERMOGÈNES

A la place du foin des prairies naturelles, les cultivateurs, dans beaucoup de provinces, donnent à leurs chevaux des légumineuses desséchées, de la luzerne, du trèfle, etc.

Ces divers fourrages se ressemblent beaucoup par leur composition chimique.

Le **foin de luzerne** renferme :

Matières albuminoïdes. . .	12, »	Acide phosphorique. . . .	0,25
» saccharoïdes.. . . .	41,80	Autres matières minérales.	5,45
Corps gras..	5,50	Eau.	15 »
Ligneux, cellulose.	22 »		

La réduction des principes albuminoïdes en azote et des principes respiratoires en carbone nous donne :

1,02 d'azote, 21,77 de carbone. — Soit 1153 de carbone pour 100 d'azote.
Les corps gras sont à l'azote comme 182 est à 100.

Pour remplacer 1 kilogramme de foin des prairies naturelles, il faudrait en foin de luzerne :

Pour les matières albuminoïdes.	Pour les matières saccharoïdes.	Pour les corps gras.	Pour l'acide phosphorique.
600gr.	1060gr.	1080gr	1600gr.

Le **foin de trèfle** contient :

Matières albuminoïdes. . .	10,60	Acide phosphorique. . . .	0,515
» saccharoïdes. .	54,20	Autres matières minérales.	4,685
Corps gras.	5,20	Eau	20,000
Ligneux, cellulose. . . .	22 »		

La réduction des principes albuminoïdes en azote et des principes respiratoires en carbone nous donne :

1,70 d'azote, 20,52 de carbone. — Soit 1195 carbone pour 100 azote.
Les corps gras sont à l'azote comme 188 est à 100.

Pour remplacer 1 kilogramme de foin des prairies naturelles, il faut en foin de trèfle :

Pour les matières albuminoïdes.	Pour les matières saccharoïdes.	Pour les corps gras.	Pour l'acide phosphorique.
679gr.	1152gr.	1157gr.	1269gr.

Le **sainfoin** est plus dur que le trèfle et la luzerne, mais il leur ressemble du reste par sa composition et par ses effets.

Le **regain de foin des prairies naturelles** se rapproche par sa composition du foin fourni par les légumineuses. Il contient

Matières albuminoïdes. .	12,40	Ligneux, cellulose. . . .	21,50
» saccharoïdes. .	40,50	Matières minérales. . . .	8 »
Corps gras.	5,50	Eau	14,10

La réduction des principes albuminoïdes en azote et des principes respiratoires en carbone nous donne :

1,98 d'azote, 21,22 de carbone. — Soit 1071 carbone pour 100 azote.
Les corps gras sont à l'azote comme 176 est à 100.

Pour remplacer 1 kilogramme de foin des prairies naturelles, il faut en regain :

Pour les matières albuminoïdes.	Pour les matières saccharoïdes.	Pour les corps gras
580gr.	1090gr.	1080gr.

On a toujours considéré les regains, ceux des prairies naturelles et ceux des légumineuses, comme devant être réservés pour l'entretien des vaches laitières. On a remarqué qu'ils font suer les chevaux, les rendent mous, ce qui s'explique par leur composition.

De toutes les légumineuses, la **petite gesse, jarosse**, que l'on fait consommer ordinairement fauchée peu de temps avant sa complète maturité, est la plus malfaisante. Les accidents morbides qu'elle détermine ont été considérés, tantôt comme une fièvre charbonneuse et tantôt comme des congestions sur les centres nerveux ; les annales de la science en ont enregistré de nombreux exemples observés dans toutes les provinces. Si la nature du mal reste inconnue, la cause en est évidente : on a plusieurs fois vu les accidents pathologiques disparaître ou reparaître selon qu'on cessait ou qu'on reprenait l'usage de la jarosse.

Comme le foin des légumineuses, les graines de ces plantes renferment de fortes quantités de matières albuminoïdes.

La **féverole** contient :

Matières albuminoïdes. . .	29,70	Acide phosphorique. . . .	1,02
» saccharoïdes. . . .	49,90	Autres matières minérales.	1,98
Corps gras.	2 »	Eau.	12,50
Ligneux.	2,90		

En réduisant les matières albuminoïdes en azote et les matières respiratoires en carbone, nous trouvons :

Azote 4,75, carbone 85,57. — Soit seulement 492 carbone pour 100 azote. Les corps gras sont à l'azote comme 42 est à 100.

Pour remplacer 1 kilogr. d'avoine, il faut en féveroles :

Pour les matières albuminoïdes.	Pour les matières saccharoïdes.	Pour les corps gras.	Pour l'acide phosphorique
556gr.	1240gr.	2750gr.	568gr.

La **vesce** est un peu plus riche en principes hydro-carbonés. Voici sa composition toujours d'après M. Boussingault :

Matières albuminoïdes. . .	27,50	Acide phosphorique. . . .	1,15
» saccharoïdes. . . .	48,96	Autres matières minérales.	1,85
Corps gras.	2,70	Eau.	14,60
Ligneux, cellulose.	3,50		

En réduisant les matières albuminoïdes en azote et les matières respiratoires en carbone, nous trouvons pour 100 :

Azote, 4,36; carbone, 25,79. — Soit 545 carbone pour 100 azote.
Les corps gras sont à l'azote comme 62 est à 100.

Pour remplacer 1 kilogramme d'avoine il faut en vesces :

Pour les matières albuminoïdes.	Pour les matières saccharoïdes.	Pour les corps gras.	Pour l'acide phosphorique.
388ᵉ.	1265ᵉ.	2057ᵉ.	504ᵉ.

Les **pois** contiennent :

Matières albuminoïdes. . .	22,15	Acide phosphorique. . . .	0,76
» saccharoïdes. . . .	61 »	Autres matières minérales.	1,74
Corps gras.	2 »	Eau.	9,25
Ligneux, cellulose.	3,10		

En réduisant les matières albuminoïdes en azote et les matières respiratoires en carbone, nous trouvons pour 100 :

Azote, 3,54; carbone 28,05. — Soit 791 carbone pour 100 azote.
Les corps gras sont à l'azote comme 56 est à 100.

Pour remplacer 1 kilogramme d'avoine il faut de pois :

Pour les matières albuminoïdes.	Pour les matières saccharoïdes.	Pour les corps gras.	Pour l'acide phosphorique.
478ᵉ.	1014ᵉ.	2730ᵉ.	765ᵉ.

Parmi les auteurs qui ont constaté les mauvais effets des légumineuses, les uns disent que la luzerne par exemple produit des *congestions intestinales*, les autres qu'elle détermine l'*anémie*. Les premières de ces affections s'observeraient dans le Midi et la seconde dans le Nord. Les effets de cette nourriture varient donc par leur nature et leur intensité ; ils ne sont même pas constants : ils se manifestent plus souvent quand les plantes consommées sont parvenues à la maturité que lorsqu'elles ont été fauchées avant la formation des graines.

Tous nos confrères ne considèrent pas les légumineuses comme pouvant être malfaisantes, mais tous reconnaissent qu'elles ne peuvent pas former la nourriture exclusive des chevaux de travail; aucun auteur, que nous sachions, ne conseille de nourrir ces animaux exclusivement avec de la luzerne et des féveroles comme on les nourrit avec le foin ordinaire et l'avoine.

Il peut être cependant avantageux de donner à des chevaux médiocrement nourris au foin ordinaire, à l'avoine et *à la paille*, un quart ou un tiers de leur ration de foin en foin de luzerne. L'expérience en a été faite sur les chevaux de troupe. Les graines légumineuses même, à cause de leur richesse en principes albuminoïdes, complètent avantageusement la paille. On donne assez fréquemment aux chevaux dans les fermes, un mélange de féveroles et de paille hachée. On forme ainsi une excellente nourriture pour les chevaux de labour; mais comme la quantité de paille nécessaire pour fournir du carbone proportionnellement à l'azote des graines est considérable, la ration est volumineuse. Même avec dix fois autant de paille que de féveroles, le mélange a moins de corps gras que les aliments types. Cette nourriture ne conviendrait donc pas pour des chevaux auxquels on voudrait donner beaucoup de vigueur.

Particulièrement recommandé par Thaër et de Dombasles pour remplacer l'avoine dans la nourriture des chevaux de ferme, le **sarrasin** qui est si facile à produire, est un des grains qui se rapprochent le plus de l'avoine par sa composition. Il contient :

Matières albuminoïdes	15,10	Acide phosphorique	0,58
Matières saccharoïdes	64, »	Autres matières minérales	2,12
Corps gras	5,90	Eau	15 »
Ligneux, cellulose	5,30		

En réduisant les matières albuminoïdes en azote et les matières respiratoires en carbone, nous trouvons pour 100 :

Azote, 2,09; carbone, 31,58. — Soit 1511 carbone pour 100 azote.
Les corps gras sont à l'azote comme 191 est à 100.

Pour remplacer 1 kilogr. d'avoine, il faut de sarrasin :

Pour les matières albuminoïdes.	Pour les matières saccharoïdes.	Pour les corps gras.	Pour l'acide phosphorique.
808gr.	967gr.	1410gr.	1520gr.

Souvent préconisé pour remplacer l'avoine, l'**orge** la remplace en effet dans la nourriture des chevaux en Asie et en Afrique ; mais dans nos pays, tous les entrepreneurs de voitures publiques le savent, ce grain ne peut entrer que pour une assez faible partie dans la ration des chevaux : il prédispose aux affections sanguines, aux inflammations, à la fourbure.

Il est composé de :

Matières albuminoïdes. . .	11,50	Acide phosphorique.	0,85
Matières saccharoïdes. . . .	65,50	Autres matières minérales.	1,65
Corps gras.	2,80	Eau.	14,50
Ligneux, cellulose	3,20		

En réduisant les matières plastiques en azote, et les matières respiratoires en carbone, nous trouvons pour 100 :

Azote, 1,84; carbone, 30,88. — Soit 1678 carbone pour 100 azote.
Les corps gras sont à l'azote comme 152 est à 100.

Pour remplacer 1 kilogr. d'avoine, il faudrait d'orge :

Pour les matières albuminoïdes.	Pour les matières saccharoïdes.	Pour les corps gras.	Pour l'acide phosphorique.
921gr.	945gr.	1964gr.	682gr.

Le **seigle**, qui également a été souvent essayé, renferme :

Matières albuminoïdes. . .	11,80	Acide phosphorique.	0,85
Matières saccharoïdes. . .	66,70	Autres matières minérales.	0,87
Corps gras.	1,80	Eau.	15 »
Ligneux, cellulose. . . .	3 »		

En réduisant les matières plastiques en azote et les matières respiratoires en carbone, nous trouvons pour 100 :

Azote, 1,90; carbone, 50,18. — Soit 1588 carbone pour 100 azote.
Les corps gras sont à l'azote comme 90 est à 100.

Pour remplacer 1 kilogr. d'avoine il faudrait en seigle :

Pour les matières albuminoïdes.	Pour les matières saccharoïdes.	Pour les corps gras.	Pour l'acide phosphorique.
898gr.	928gr.	3055gr.	698gr.

On a cherché à remédier aux inconvénients de l'orge et du seigle qui l'un et l'autre sont faciles à produire et d'un prix peu élevé, en les faisant cuire ou macérer avant de les administrer : ces grains dans leur état naturel sont en effet moins bien triturés par les dents que l'avoine, mais cet inconvénient est de peu d'importance et leur défaut principal, c'est leur insuffisance en principes thermogènes.

Le **blé** est composé de :

Matières albuminoïdes.	14,80	Acide phosphorique.	0,91
Matières saccharoïdes.	66,50	Autres matières minérales.	0,60
Corps gras.	1,50	Eau.	15,50
Ligneux, cellulose.	2 »		

En réduisant les matières plastiques en azote et les principes respiratoires en carbone, nous trouvons pour 100 :

Azote, 2,37; carbone, 29,46. — Soit 1215 carbone pour 100 azote.
Les corps gras sont à l'azote comme 54 est à 100.

Pour remplacer 1 kilogr. d'avoine, il faudrait en blé :

Pour les matières albuminoïdes.	Pour les matières saccharoïdes.	Pour les corps gras.	Pour l'acide phosphorique.
716gr.	950gr.	1250gr.	657gr.

A cause de son prix élevé, le blé est rarement administré aux animaux. On le recommande cependant pour la nourriture des étalons dans la saison de la monte et des juments qui nourrissent, et ses bons effets dans ces circonstances s'expliquent par la dépense en principes azotés (liqueur séminale et fœtus) que font les reproducteurs.

Donné aux chevaux de travail à la place de l'avoine, il les

rend malades. L'observation en a été faite, en Italie particulièrement à la fin du siècle dernier, sur les chevaux de l'armée française.

En comparant, quant à la composition, le foin ordinaire au foin de luzerne et au trèfle, l'avoine à la féverole et au seigle, on peut se rendre compte des effets produits par les aliments que nous appelons insuffisants.

Si un cheval qui consomme en cinq jours 37^k,500 de foin et 25 kilogrammes d'avoine, reçoit à la place de cette ration 37^k,500 de luzerne et 25 kilogrammes de seigle, il introduira dans ses organes 1195 grammes d'azote et 15708 grammes de carbone, au lieu de 856 grammes d'azote et de 16860 grammes de carbone; c'est-à-dire 339 grammes d'azote de plus, et 1160 grammes de carbone de moins que s'il eût été nourri au foin et à l'avoine.

Si à la place de l'avoine on administrait des féveroles, le cheval recevrait à peu près trois fois plus de principes plastiques et un tiers de moins de principes thermogènes.

Or, si l'animal a besoin pour suffire à son travail d'une nourriture semblable au foin et à l'avoine, ainsi que l'observation le démontre, est-il étonnant qu'il soit mal nourri par le seigle, l'orge, les féveroles, soit que ces aliments manquent de principes dynamogènes, soit qu'ils renferment un excès de principes plastiques?

Nous ferons remarquer que les effets produits sur le cheval par les aliments insuffisants, doivent varier et varient en effet selon la quantité d'aliments qui forment la ration. Beaucoup de ces aliments s'écartent du foin, moins par leur plus petite quantité de carbone, que par leur excès d'azote. Ainsi, si on substitue au foin et à l'avoine, poids pour poids, de la luzerne et du seigle, il est probable que les chevaux fortement nourris, souffriront plus de l'excès des principes azotés que du manque de carbone. Si au contraire on diminue la quantité de grain et de fourrage proportionnellement à la valeur nutritive plus grande que l'on reconnaît au seigle et à la luzerne sur le foin et l'avoine, les chevaux souffriront d'autant plus du manque de principes respiratoires que la quantité de ces principes, diminuée déjà par la substitution d'un aliment à l'autre, le sera encore par la diminution de la ration.

Ce qui nous fait croire que le plus souvent dans ces substitutions, les mauvais effets ont été produits par un excès d'azote, c'est que la plupart des aliments qui n'ont jamais pu entretenir en bon état un cheval qui travaille, se distinguent surtout des aliments types par leur excès de principes azotés, et qu'il arrive souvent, lorsqu'on remplace le foin par la luzerne par exemple, que l'on fait la substitution poids pour poids.

La convenance des uns ou des autres des aliments que nous comparons, dépend de l'âge des animaux, des travaux qu'ils ont à effectuer. Les aliments insuffisants faute de corps gras et même faute de principes respiratoires en général, peuvent entrer pour une forte proportion dans la nourriture des attelages de labour, et dans beaucoup de fermes ils les nourrissent presque exclusivement; tandis qu'ils ne peuvent former qu'une petite partie de la ration des chevaux dont le service nécessite des allures rapides, à moins qu'ils ne soient associés à des aliments (voy. *Rations*, p. 422), qui par leur richesse en principes thermogènes compensent ce qui leur manque pour ressembler aux aliments types.

Quels sont les aliments qui peuvent remplir ce rôle? les aliments qui, ajoutés à la luzerne, au seigle, forment des rations ayant 1800 ou 2000 parties de carbone et de 324 à 330 parties de corps gras pour 100 d'azote.

III. — ALIMENTS RICHES EN PRINCIPES THERMOGÈNES.

Tous les hippiatres ont reconnu l'utilité de la **paille** pour la nourriture des chevaux. Cet aliment est composé de :

Matières albuminoïdes.	3,10	Acide phosphorique.	0,28
» saccharoïdes.	39,90	Autres matières minérales.	5,72
Corps gras.	2,40	Eau.	12,50
Ligneux, cellulose.	56,30		

En réduisant les principes plastiques en azote, et les principes respiratoires en carbone, nous avons :

Azote, 0,50; carbone, 19,61. — Soit 3920 carbone pour 100 azote.
Les corps gras sont à l'azote comme 480 est à 100.

Pour remplacer 1 kilogr. de foin, il faudrait en paille de blé :

Pour les matières albuminoïdes.	Pour les matières saccharoïdes.	Pour les corps gras.	Pour l'acide phosphorique.
2522ᵍʳ.	1112ᵍʳ.	1585ᵍʳ.	1428ᵍʳ.

Il y a souvent avantage à faire entrer la paille dans la composition des rations. De tous les aliments que l'on peut donner au cheval, c'est celui qui, proportionnellement à l'azote, contient le plus de carbone. Cette composition la rend très-propre à équilibrer les rations; elle complète les grains et les graines fortement azotés, et donne ainsi le moyen de former une nourriture économique parfaitement en rapport avec les besoins des animaux. Il est nécessaire de la hacher quand on veut la mélanger avec des grains ou des graines, mais ce léger embarras et cette dépense sont compensés par les avantages que l'on retire de son emploi comme substance alimentaire.

De tous les aliments, le **maïs** est le plus propre à remplacer l'avoine. En Amérique, en Espagne, en Italie, en France dans les provinces qui en produisent, il est donné aux chevaux et aux mulets qui le prennent avec plaisir et se trouvent très-bien de son usage.

Pendant la campagne du Mexique, le maïs a été du plus

grand secours pour la nourriture des chevaux de l'armée.
M. Liguistin, vétérinaire en chef du corps expéditionnaire, a publié sur les effets de ce grain, sur la manière de
l'administrer, des détails qui contribueront, il faut l'espé-
rer, à détruire les préjugés qui nuisent encore à la propa-
gation de l'usage de cette précieuse denrée. En recevant
des rations de 4 ou 5 kilogrammes de maïs, selon leur taille,
les chevaux ont pu faire, « de la Vera-Cruz à Puebla, les
travaux les plus pénibles, les marches les plus fatigantes,
exécutées sous le climat le plus inclément des Amériques[1]. »
L'usage du maïs pour la nourriture du cheval se propage,
même dans des contrées qui n'en produisent pas. La compagnie des omnibus de Londres en fait venir d'Amérique,
et en donne à ses attelages[2].

Nous expliquons les bons effets alimentaires du maïs par
sa composition chimique.

Il contient :

Matières albuminoïdes. . .	12,30	Acide phosphorique, . . .	0,54
» saccharoïdes.. . .	70,40	Autres matières minérales.	0,66
Corps gras..	9,90	Eau, ...	4,50
Ligneux, cellalose.	1,70		

[1] *Journ. de médecine vétérinaire militaire*, t. II, page 570.
[2] Pendant que ce passage était à l'impression nous avons eu connais-
sance, par M. Dailly, du *Rapport des directeurs et des censeurs de
la Compagnie générale des omnibus de Londres, pour le 2* semestre
1868. Nous copions dans ce document le passage suivant :

« Vous remarquerez que les prix de l'avoine et du foin qui avant le
dernier semestre avaient été la principale nourriture de nos chevaux,
ont considérablement dépassé pendant ce semestre le prix des semes-
tres précédents. Dès le commencement de l'été il devint évident que si
le système de nourriture adopté par la compagnie était continué, une
grande augmentation dans la dépense de fourrages était inévitable. Une
enquête minutieuse et des expériences furent faites pour constater la
possibilité d'un plus grand usage du maïs sans dommage pour la santé
des chevaux... L'expérience a parfaitement réussi, et une économie
considérable a été réalisée. L'excellent état de la cavalerie et la diminution de la mortalité prouvent que les chevaux n'ont pas souffert de
ce système de nourriture. L'économie effectuée par la substitution du

Si nous réduisons les matières plastiques en azote et les principes respiratoires en carbone, nous trouvons :

Azote, 1,97 ; carbone, 41,50. — Soit 2106 carbone pour 100 azote.
Les corps gras sont à l'azote comme 401 est à 100.

Pour remplacer 1 kilogramme d'avoine, il faut en maïs :

Pour les matières albuminoïdes.	Pour les matières saccharoïdes.	Pour les corps gras.	Pour l'acide phosphorique.
861ᵉ.	879ᵉ.	535ᵉ.	1074ᵉ.

Par sa composition, le maïs se rapproche beaucoup des aliments types ; aussi est-ce le seul grain qui puisse, sans aucun mélange, remplacer l'avoine. D'un autre côté, en raison de son prix peu élevé et de sa richesse en principes nutritifs, c'est de tous les grains celui qui fournit l'azote et le carbone au plus bas prix. (*Voy.* p. 408.)

La facilité avec laquelle on produit le maïs dans les pays où il prospère, et la grande quantité de matières alimentaires qu'il fournit, font de cette plante une des productions les plus précieuses des pays chauds. Son grain est aussi convenable pour donner aux chevaux de la force et de l'énergie que pour nourrir économiquement les populations des régions équatoriales. Ses bons effets pour la nourriture du cheval ne peuvent pas manquer d'être promptement et unanimement reconnus.

Les chevaux qui reçoivent du maïs dès leur jeunesse, le prennent avec plaisir ; on peut le leur donner entier ou écrasé, en grains ou en épis. « J'ai vu au Mexique, dit M. Liguistin, les chevaux auxquels on distribue des épis de maïs non égrenés, dépiqueter le grain avec un art, une

maïs à l'avoine dans la proportion adoptée s'élève à 131,987 fr. 90 c. » — Du 1ᵉʳ juillet au 31 décembre 1868, la compagnie a dépensé : en avoine, 931,701 fr. 95 cent.; en maïs, 1,081,421 fr. 90 cent.; en fèves, 168,627 fr. 25 cent.; en son, 40,744 fr. 55 cent. (*Quarters* : avoine, 27,964 ; maïs, 22,945 ; fèves, 6,675 ; son, 2,425.)

Les Anglais vont chercher le maïs en Amérique, et nous ne savons pas utiliser celui que nous récoltons !

dextérité et un soin qui prouvaient le plaisir et la sensation agréable que cette nourriture leur procurait. Même les chevaux sauvages qui n'en avaient jamais reçu, s'y habituaient facilement. »

Il n'en est pas de même de ceux qui ont toujours été nourris à l'avoine; ils le refusent généralement et quelques-uns d'une manière absolue.

Plusieurs moyens sont employés pour vaincre leur répugnance. Pour beaucoup de chevaux, il suffit de faire tremper le grain pendant quelques heures avant de l'administrer : « Dans les Pyrénées, autour de Perpignan, le maïs est presque toujours donné aux chevaux l'été pour remplacer l'avoine.

« Mais comme ce grain est dur et que les vieux chevaux ne peuvent le broyer facilement, surtout en route, on prend soin de le laisser tremper dans l'eau pendant quelques heures.

« Les chevaux en route dans la saison des grandes chaleurs sont particulièrement friands de cette nourriture sur laquelle ils se jettent avec avidité. » (DUSSARD.)

M. Liguistin recommande de répandre quelques grammes de chlorure de sodium sur les grains de maïs macérés et égouttés, ou simplement d'arroser les grains avec une forte solution de ce composé. Notre confrère conseille aussi de le mêler à l'orge. « Le maïs mêlé à l'orge, dit-il, est mangé avec plus d'empressement, avec plus d'avidité par les animaux qui ne sont pas habitués à cette nourriture. Pendant la campagne, nous avons employé plusieurs fois le mélange du maïs et de l'orge pour solliciter nos animaux étrangers au pays à prendre la première de ces denrées et nous n'avons eu qu'à nous louer de cette opération. »

A l'école d'Alfort, nous avons remarqué que torréfié et écrasé le maïs est pris par des chevaux qui le refusent à l'état naturel. Le concassage est en effet le moyen de préparation le plus simple et le plus pratique.

Jusqu'à ce jour, on n'a donné les graines oléagineuses au cheval que pour remplir des indications particulières, pour refaire les animaux épuisés, ruinés par le travail et la misère. Leur usage rend le poil brillant, les formes arrondies, mais en général cet état dure peu de temps après que les animaux sont remis au travail et au régime ordinaire. Il ne peut pas en être autrement, car, dans ce cas, ces graines ne sont administrées qu'à des chevaux qui ont la poitrine fatiguée, les membres usés, maladies et tares, que le chènevis ne peut pas faire cesser.

Le **chènevis** contient :

Matières albuminoïdes.	16,50	Acide phosphorique.	0,77
» saccharoïdes.	25,00	Autres matières minérales.	1,45
Corps gras.	33,60	Eau.	12,20
Ligneux, cellulose.	12,10		

En réduisant les principes plastiques en azote et les principes respiratoires en carbone nous aurons :

Azote, 2,60; carbone, 50,40. — Soit 1958 carbone pour 100 azote.
Les corps gras sont à l'azote comme 1292 est à 100.

Pour remplacer 1 kilogr. d'avoine, il faudrait en chènevis :

Pour les matières albuminoïdes.	Pour les matières saccharoïdes.	Pour les corps gras.	Pour l'acide phosphorique.
650gr.	2522gr.	165gr.	755gr.

La **graine de lin** contient :

Matières albuminoïdes.	20,50	Acide phosphorique.	2,41
» saccharoïdes.	10 »	Autres matières minérales.	3,39
Corps gras.	59 »	Eau.	12,30
Ligneux, cellulose.	3,20		

En réduisant les principes plastiques en azote et les principes respiratoires en carbone, on trouve dans la graine de lin :

Azote, 3,28; carbone, 54,98. — Soit 1676 carbone pour 100 azote.
Les corps gras sont à l'azote comme 1189 est à 100.

Pour remplacer 1 kilogramme d'avoine, il faudrait en graine de lin.

Pour les matières albuminoïdes.	Pour les matières saccharoïdes.	Pour les corps gras.	Pour l'acide phosphorique.
524ᵍʳ.	3257ᵍʳ.	141ᵍʳ.	240ᵍʳ.

Proportionnellement à l'azote, les graines oléagineuses ne sont pas plus riches en carbone que le foin et l'avoine ; mais cependant, comme d'une manière absolue elles sont riches en éléments respiratoires, qu'elles renferment dix à douze fois plus de corps gras que les féveroles, l'orge, le seigle et le blé, elles conviennent pour compléter ces aliments, et pour assaisonner les rations trop pauvres en carbone, et les rations dans lesquelles le carbone est fourni surtout par des matières saccharoïdes.

Les principes respiratoires concentrés dans ces graines, grâce à la forte proportion de corps gras qu'elles contiennent, leur donnent une grande valeur pour la production du calorique, et les rendent propres, comme la paille, à compléter les aliments fortement azotés. Les deux assaisonnements, paille et graines oléagineuses, se complètent eux-mêmes réciproquement : sans paille, il serait difficile de faire de bonnes rations avec des légumineuses et des graines oléagineuses, le carbone ferait défaut, et sans graines oléagineuses, il faudrait une trop forte quantité de paille et les rations ne conviendraient que pour les chevaux qui travaillent peu.

Les chevaux sont très-avides de la graine de chènevis, et on peut la leur donner sans préparation ; ils prennent aussi avec plaisir la graine de lin, mais on ne doit la leur donner que moulue ou écrasée. Entière, elle glisse dans la bouche ; les animaux l'avalent sans l'écraser et la rendent sans l'avoir digérée. La farine de cette graine convient très-bien pour nourrir les très-jeunes poulains auxquels on ne peut pas fournir une quantité suffisante de lait. (Voy. *Allaitement artificiel*.) Les chevaux la prennent aussi avec plaisir et elle peut être mêlée à l'orge.

L'emploi comme aliment des graines oléagineuses nous

répugne, habitués que nous sommes à considérer les huiles grasses comme laxatives. Cependant l'observation nous démontre que l'huile de noix, l'huile de faîne, l'huile d'amandes, réunies à l'albumine dans le tissu végétal qui les renferme, loin d'agir comme lorsqu'elles sont libres, sont échauffantes.

IV. — ALIMENTS SUPPLÉMENTAIRES

Nous appelons ainsi les aliments qu'on n'administre aux chevaux qui travaillent que comme supplément de nourriture ou pour produire un effet particulier, pour rafraîchir, tenir le ventre libre.

Rentrent dans cette catégorie : le son, les racines, les tubercules, l'herbe verte, quelques fruits, les résidus de quelques fabriques, etc.

Deux qualités de **sons** sont usitées pour les chevaux. Le *gros son* est donné comme aliment, seul ou mêlé à l'avoine, sec ou plus souvent après avoir été humecté. Il peut, jusqu'à un certain point, remplacer le foin pour les vieux chevaux qui ont les dents mauvaises. Le *menu son*, la *recoupette*, le *remoulage*, conviennent plutôt pour mêler aux boissons, à titre d'assaisonnement, soit pour engager les chevaux à prendre des eaux auxquelles ils ne sont pas habitués, soit pour adoucir des eaux dures, crues, d'une digestion difficile.

Le gros son est utile particulièrement aux chevaux échauffés qui ont été nourris avec des graines et des grains donnés en forte quantité pour les soutenir pendant des travaux pénibles; mais dans ce cas il faut en surveiller les effets et le donner avec modération, car il relâche les animaux et les affaiblit.

En général, on n'a pas l'habitude de donner des **fourrages verts** aux chevaux qui travaillent. Cependant les agronomes recommandent de nourrir, en été, les chevaux des fermes avec le produit des prairies artificielles. « Les légumineuses vertes sont pour ces animaux, dit le baron Crud, la meilleure nourriture d'été ; lorsqu'ils en ont en suffisance, ils n'ont que faire d'autres aliments. » L'usage de cette nourriture peut rendre et rend de bons services ; mais avec le travail que les bons fermiers exigent à notre époque de leurs attelages, les plantes vertes ne peuvent pas entretenir convenablement les animaux. Nous avons bien remarqué que les chevaux de l'école vétérinaire d'Alfort acquièrent de l'embonpoint et prennent un poil brillant quand, sans supprimer l'avoine, on remplace, dans leur ration, le foin par du seigle, de la vesce ou de la luzerne en herbe, mais ces bons effets s'expliquent par le travail des animaux, qui n'est pas excessif, et par la forte quantité de fourrage vert qui leur est distribuée.

Plusieurs **racines** et **tubercules** sont employés pour la nourriture des chevaux. Nous avons vu, page 386, que la pomme de terre, la betterave, le topinambour, se rapprochent du foin par la quantité relative d'albuminoïdes et d'éléments respiratoires ; mais qu'ils diffèrent de ces aliments types par la forte proportion d'eau qu'ils renferment.

De toutes ces racines, la *carotte* est celle qu'on a le plus souvent administrée aux solipèdes. Elle convient principalement pour les juments poulinières et pour les poulains, et elle peut former sans inconvénients un tiers de la ration des chevaux employés dans les fermes. D'après Mathieu de Dombasle, 10 kilogrammes de carottes et 10 kilogrammes de foin nourrissent parfaitement un fort cheval ; mais, s'il travaille beaucoup, il faut ajouter à cette nourriture 6 litres d'avoine.

Le *panais* est préférable à la carotte ; il nourrit mieux et relâche moins. L'usage en est restreint en France, par la difficulté de sa culture ; c'est seulement sous l'influence des climats humides qu'il prend un grand développement, et l'emploi en reste limité à la partie occidentale de la Bretagne. On en donne par jour de 10 à 12 kilogrammes avec 12 ou 15 kilogrammes de foin aux chevaux de labour.

On fait plus rarement consommer la *pomme de terre*, la *betterave*, le *topinambour* et les *crucifères* par le cheval. Il peut y avoir cependant intérêt à faire entrer, les deux premières surtout, dans la ration des chevaux de ferme.

Avant d'administrer régulièrement les aliments aqueux, quand on veut en faire consommer des quantités un peu considérables, il faut en étudier les effets, en apprécier la valeur nutritive, car ils nourrissent très-inégalement, selon les terrains où ils ont été récoltés et selon que la saison a été sèche, humide ou moyenne. Ils ont tous plus ou moins l'inconvénient d'introduire beaucoup d'eau dans l'économie animale et d'être peu nutritifs, ce qui oblige à en donner en poids, trois, quatre fois plus que de foin, et six à sept fois plus que d'avoine. Les chevaux qui en prennent beaucoup, surchargés et affaiblis, transpirent facilement et résistent moins aux travaux pénibles que ceux qui sont nourris avec des aliments secs.

V. — VALEUR COMPARATIVE DES DIVERS ALIMENTS. — ÉQUIVALENTS

On peut déterminer la valeur nutritive des aliments par l'observation des effets qu'ils produisent, et par l'analyse chimique, c'est-à-dire par la comparaison de la composition des organes et des déperditions qu'ils font avec celle des aliments qui les forment et les entretiennent. C'est en employant, tantôt l'un, tantôt l'autre de ces moyens que l'on a formé la table des équivalents nutritifs. Le foin est pris pour type de comparaison et sa valeur est exprimée par 100; celle des autres aliments est représentée par un chiffre inférieur ou supérieur, selon qu'il en faut moins ou plus pour produire le même effet. Ainsi l'orge, par exemple, est considérée comme deux fois aussi nutritive que le foin; sa valeur, son titre, est représenté par 200, et son équivalent par 50[1].

Ce mode d'appréciation suppose que tous les principes immédiats des aliments contribuent à nourrir autant les uns que les autres, ou que les corps gras, les matières saccharoïdes, les matières azotées, les substances minérales, etc..., se trouvent selon les mêmes proportions dans tous les aliments. Ces deux conditions n'existent pas. Nous venons de voir que chacun des deux ordres de principes joue un rôle particulier dans les phénomènes de l'alimentation, et que les aliments en renferment des quantités très-inégales. Les diverses denrées alimentaires, même celles qui paraissent avoir entre elles le plus d'analogie, ne peuvent être données les unes pour les autres sans qu'il en résulte une différence plus ou moins considérable dans la quantité des divers éléments nutritifs qui forment la ration.

La valeur nutritive des aliments ne peut être exprimée d'une manière absolue, et on ne peut les comparer les uns aux autres qu'en ayant égard aux principaux éléments nutritifs qu'ils renferment. C'est ainsi que nous avons comparé les divers aliments au foin et à l'avoine dans les pages précédentes, et que nous allons dresser le tableau des équivalents.

Toutes les questions d'hygiène vétérinaire, et surtout celle de la nourriture, sont des questions économiques. Il ne suffit pas de savoir quels sont les aliments les plus favorables à la santé des animaux, il faut encore rechercher ceux qu'il est le plus avantageux de faire consommer: leur valeur nutritive n'est pas toujours en rapport avec leur valeur commerciale. Nous ajoutons au tableau des équivalents, et pour chaque aliment, le prix de revient de l'azote et du

[1] *Traité d'hygiène vétérinaire générale*, p. 262.

carbone que cet aliment fournit. Ces prix, que nous avons établis en nous basant sur les mercuriales du mois de février 1869, sont de simples indications, mais des indications qui peuvent être fort utiles pour faire apprécier les rapports qui existent entre la valeur commerciale des aliments et leur valeur nutritive.

Il suffit de jeter les yeux sur ce tableau pour reconnaître qu'il y a avantage, quel que soit le prix des aliments, prix du reste très-variable selon les années et les pays, à faire fournir les éléments plastiques par certains aliments, et les éléments respiratoires par d'autres, et, par conséquent, à composer des mélanges que l'on peut faire varier selon le prix des denrées.

	ÉQUIVALENT NUTRITIF		PRIX D'APRÈS LA MERCURIALE DE FÉVRIER 1869		
	Quant aux éléments plastiques	Quant aux éléments respiratoires	des 100 kil. de substances	du kilogr. d'azote	du kilogr. de carbone
			fr.	fr. c.	fr. c.
Foin.	100	100	9	7 80	0 58
Foin de luzerne	60	106	9	4 00	0 41
Foin de trèfle..	68	116			
Paille..	252	119	6	12 »	0 30
Avoine.	68	71	21	12 55	0 64
Sarrasin. . . .	55	75	16	7 60	0 50
Orge.	62	75	20	10 80	0 64
Seigle.	61	76	18	9 40	0 59
Blé..	48	78	25	10 50	0 81
Féveroles.. . .	24	99	24	5 »	1 02
Vesces.	26	97	22	5 04	0 92
Pois.	32	82	27	7 62	0 96
Maïs.	58	56	15	7 60	0 56
Chènevis. . . .	44	46	28	10 70	0 55
Lin..	55	42	34	10 50	0 60

Il nous reste en terminant à faire deux observations :

D'abord la composition des aliments ne peut être donnée que d'une manière approximative, attendu qu'un végétal varie d'un pays à un autre et dans le même pays d'une année à l'année suivante, selon le temps, le mode de culture, le moment de la récolte et le mode de conservation. L'expérience prouve cependant que les données fournies par la science sont très-utiles à la pratique.

Ensuite la valeur nutritive n'est qu'un effet, et un effet qui est subordonné, non-seulement à la composition des aliments, mais encore aux besoins des animaux qui les consomment. Or nous ne pouvons connaître qu'approximativement ce dernier facteur : parce qu'une certaine quantité d'un aliment donné a été suffisante pour entretenir un animal pendant un certain temps, cela ne veut pas dire qu'elle répondra *complétement* aux besoins d'un autre animal de la même espèce et du même poids. L'effet nutritif pourra offrir quelques variations, selon l'activité des fonctions organiques de l'individu consommateur.

Ces réserves faites, voyons comment on peut utiliser les recherches des chimistes et les observations des agronomes pour la composition des rations.

§ 3. — Des rations.

Choisir une nourriture qui soit du goût des animaux, qui soit susceptible d'être bien divisée par les organes de la mastication, d'absorber les liqueurs animales avec lesquelles elle doit se trouver en contact et de subir complétement les phénomènes de la digestion, enfin une nourriture qui, par sa composition chimique, réponde aussi exactement que possible aux besoins des animaux auxquels elle est destinée, tel est le but que l'on doit se proposer quand on compose des rations.

En traitant la dernière de ces questions, la plus importante et la plus difficile de l'hygiène vétérinaire, nous venons de reconnaître qu'une nourriture, pour répondre aux besoins des chevaux qui travaillent, doit renfermer les éléments plastiques et les éléments respiratoires en telles proportions, que ces derniers contiennent de 1,800 à 2,000 parties de carbone pour 100 d'azote des premiers ; que cette condition ne suffit même pas ; que la nourriture doit de plus, pour être tout à fait appropriée au cheval de service, pour lui donner l'énergie, l'ardeur, que nécessitent des allures rapides, renfermer pour 100 d'azote, de 324 à 330 parties de corps gras ; qu'une ration composée de foin et d'avoine remplit ces diverses conditions et peut servir de ration modèle.

Il nous reste à déterminer la quantité de nourriture que réclament les chevaux et la manière d'associer les aliments pour former de bonnes rations.

1. — RATION D'ENTRETIEN. — RATION DE TRAVAIL

On appelle **ration d'entretien** la quantité d'aliments qui est nécessaire pour entretenir, sans augmentation ni diminution de poids, des animaux qui restent en repos et ne donnent pas des produits. Elle sert à dégager le calorique que les animaux perdent par le rayonnement, par le contact avec les corps froids, par l'évaporation de la transpiration cutanée, etc. ; à produire la force mécanique qui fait mouvoir le cœur, les artères, les côtes, les mâchoires, etc. ; enfin à remplacer les substances que l'organisme perd pas les reins, les intestins, la peau, les voies respiratoires. Les aliments ainsi employés sont perdus au point de vue de l'utilisation des animaux. Il y a donc toujours intérêt à nourrir plus abondamment, et on donne le nom de *ration de production* aux aliments que les animaux prennent en plus de la ration d'entretien. Ces aliments servent à produire du lait, de la viande, de la laine, des œufs, du travail.

La ration d'entretien peut être déterminée en expérimentant pendant un temps assez prolongé sur des animaux qui ont acquis toute leur croissance, qui ne font aucun travail et ne donnent aucun produit : la quantité de nourriture qui les entretient, sans leur faire éprouver aucune augmentation, et qui empêche toute diminution dans leur poids, constitue leur ration d'entretien. C'est ainsi qu'ont opéré les expérimentateurs qui ont dressé les tables des équivalents nutritifs. M. Boussingault a nourri un cheval de 450 kilogrammes pendant un mois, sans que le poids en ait éprouvé aucun changement, avec une ration composée de :

Foin. 7,500   Avoine. 2k,270

M. Boussingault admet que cette ration contenait (le foin était un regain) 139 grammes d'azote, et nous évaluons à 2,400 grammes le carbone contenu dans ses éléments respiratoires[1] ; d'où il résulte qu'elle représentait à peu près $10^k,333$[2] de foin ; soit $2^k,500$ de foin par 100 kilogrammes du poids du cheval.

En dosant l'acide carbonique exhalé par les animaux, on peut contrôler les évaluations déduites de la nourriture consommée.

D'après les travaux des auteurs et d'après ses propres expériences, Allibert admet qu'un cheval du poids de 600 kilogrammes exhale en 24 heures 2,485 grammes de carbone, soit 474 grammes de carbone par 100 kilogram-

[1] Nous supposons que la richesse en carbone du foin de cette ration est une moyenne entre celle du regain et celle du foin. Pour admettre cette évaluation nous nous sommes basé sur ce que du regain qui ne contient plus, comme celui de l'expérience, que 1,50 d'azote doit se rapprocher du foin par la quantité de ses principes respiratoires.

[2] Toutes les fois que nous aurons à évaluer *en foin* une ration composée de *foin et d'avoine* nous nous bornerons à diviser le total du carbone contenu dans les éléments respiratoires des deux aliments par la quantité contenue dans un kilogramme de foin, soit par 232 gr. 3. Cette marche simplifie beaucoup l'étude des rations et donne un résultat très-approximativement exact, puisque le foin et l'avoine contiennent à peu près dans la même proportion les éléments plastiques et les éléments respiratoires.

mes de son poids (c'est à peu près la quantité de carbone
que nous avons dit être contenue (*voy.* p. 386) dans les
éléments respiratoires de 2 kilogrammes de foin);

Qu'un cheval du poids de 500 kilogrammes exhale en
24 heures 2,540 grammes de carbone, soit 508 grammes
par 100 kilogrammes de son poids (quantité contenue dans
les éléments respiratoires de 2^k,200 de foin).

Nous basant sur ces diverses observations, nous croyons
pouvoir admettre que pour le cheval la ration d'entretien
est, par 100 kilogrammes du poids de l'animal :

De 1 kil. 800 gr. de foin pour un cheval de 700 kil.
De 2   »   »   »   »   de 600 »
De 2   »   200 gr. »   »   »   de 500 »
De 2   »   400 » »   »   »   de 400 »

Ces rations d'entretien sont plus fortes que celles ad-
mises par les anciens expérimentateurs et que nous avons
données dans les précédentes éditions de cet ouvrage. Ce
qui s'explique par la valeur nutritive attribuée à l'avoine :
généralement on admettait que son équivalent varie de
50 à 60, et nous venons de voir que d'après sa composition
il est de 70.

La ration d'entretien est donc plus forte dans les petits
animaux que dans les grands. Il est reconnu également que
si elle n'est pas suffisante, les animaux se nourrissent aux
dépens de leur substance et maigrissent; que, dans tous les
animaux, c'est seulement la nourriture consommée en sus
de la ration d'entretien qui donne des *produits utiles*, et
qu'il y a par conséquent avantage à faire produire un travail
donné dans le temps le plus court et par un petit nombre
d'animaux fortement nourris, afin de diminuer le plus
possible la nourriture perdue comme ration d'entretien.

Ration de production. Ration de travail. — La science
est arrivée aujourd'hui à démontrer la conversion de la chaleur en travail. Il est reconnu qu'une unité de chaleur,

3.

consommée sans élévation de la température, produit 425 unités de travail[1]. De même une force capable de produire 425 unités de travail, consommée sans travail produit, dégage une unité de chaleur. Le rapport de la chaleur au travail a été appelé par Mayer *équivalent mécanique* de la chaleur ; l'inverse est l'*équivalent calorique* du travail.

La chaleur dégagée par la combustion des aliments se change donc en force motrice qui se manifeste par l'intermédiaire des muscles.

« Au point de vue mécanique, la contractilité joue dans le muscle le même rôle que l'élasticité de la vapeur dans la locomobile ; elles sont l'une et l'autre de vrais agents de la transformation de la chaleur en travail. De là découle naturellement, fatalement, l'ordre de succession des phénomènes accomplis dans les masses musculaires. L'action productrice de la chose transformée étant nécessairement antérieure à l'intervention de l'agent de transformation, la combustion des matériaux organiques du sang précède nécessairement la mise en jeu de la contractilité. L'action chimique s'effectue la première et produit de la chaleur ; puis la contractilité entre en jeu et la fibre musculaire absorbe, consomme, une portion de cette chaleur ; . . . . . . comme l'élasticité de la vapeur, l'activité propre du muscle prend donc en réalité son origine dans une simple combustion, dans l'action de l'oxygène sur les matériaux du sang. . . . . . . Dans une des expériences de M. Hirn, un homme qui, *à l'état de repos*, ne consommait par heure que 30 grammes d'oxygène, produisait en une heure 55,000 unités de travail et consommait dans le même temps 132 grammes d'oxygène. A lui seul ce travail effectué exigeait donc une consommation de 102 grammes d'oxygène capables de développer, en attaquant les matériaux organiques du sang,

---

[1] On appelle kilogrammètre ou unité de travail, la force nécessaire pour élever, en une seconde, un kilogramme à un mètre de hauteur.

330 unités de chaleur dont l'équivalent mécanique est 140,250 unités de travail *disponible*. Le rapport du travail *utile*, 33,000 unités, effectué dans ce cas au travail *disponible*, 140,250 unités, est en nombre rond 24 *centièmes*. Or, malgré leur volume et leur poids si considérable, nos machines à vapeur les plus perfectionnées n'utilisent que les 12 *centièmes* du travail *disponible*; considéré comme moteur, le système musculaire de l'homme a donc une immense supériorité sur les appareils les mieux construits qu'il ait été donné à l'industrie et à la science de réaliser...

« Si ces considérations mettent en lumière la supériorité du système musculaire de l'homme sur les machines les mieux combinées de l'industrie, l'observation démontre que les mammifères, considérés comme moteurs, sont généralement encore mieux doués. » (Gavarret.)

Cette hypothèse de la production du calorique par la combustion des éléments respiratoires et de la transformation de la chaleur en force motrice, malgré les objections qu'on lui a opposées en invoquant l'influence du système nerveux, est conforme à toutes les données scientifiques, et elle est confirmée elle-même par tout ce que l'observation nous a appris quant aux règles qu'il convient de suivre pour nourrir convenablement les chevaux de travail. Nous pouvons donc considérer comme démontrés les principes que notre excellent collègue, M. Gourdon, a soutenus devant la Société d'agriculture de la Haute-Garonne. « Les albuminoïdes et les corps gras, dit-il, sont également nécessaires pour constituer la ration d'entretien, mais il faut pour les animaux qui travaillent un surcroît qui devient la ration de production dans laquelle, contrairement à l'opinion admise, doivent entrer principalement des principes carbonés seuls consommés par l'animal d'engrais et l'animal de travail. »

Nous allons reproduire des rations qui nourrissent bien des chevaux soumis à des travaux différant par les efforts qu'ils nécessitent ; nous chercherons à distinguer dans la nourriture consommée, ce qui peut être considéré comme ration de production, comme ration de travail, et nous verrons que quelques faits sont assez précis pour qu'on puisse en déduire des règles générales relatives à la quantité de nourriture, ou même de carbone, nécessaire pour produire un travail donné.

II. — EXEMPLES DE RATIONS NORMALES

Nous appelons *rations normales*, les rations composées exclusivement ou principalement de foin et d'avoine :

1° Dans une compagnie de *vidanges*, *les chevaux* qui restent attelés de 10 heures du soir jusqu'à 10 heures du matin reçoivent :

	PRINCIPES PLASTIQUES.	PRINCIPES RESPIRATOIRES	
		Saccharoïdes.	Corps gras.
Avoine 10 kil.	1060 gr.	6190 gr.	350 gr.
Foin 7 »	504 »	3108 »	266 »
Son 1 » 250 gr.	148 »	645 »	50 »

Soit 275 gr. d'azote, et 5219 gr. de carbone dans les principes respiratoires.

Cette ration peut représenter à peu près 22ᵏ,450 de foin. Les chevaux qui la consomment pèsent en moyenne 600 kilogrammes, leur ration d'entretien étant de 2 kilogrammes par 100 kilogrammes, soit 12 kilogrammes, il reste 10ᵏ,450, valeur en foin, pour ration de travail ; c'est 870 grammes de foin ou 202 grammes de carbone à dépenser par heure de travail.

2° Les *forts chevaux de trait* qui travaillent au pas, sur le pavé de Paris, sont généralement très-fortement nourris. Ils reçoivent par jour, selon le travail qu'ils effectuent, de 18 à 22, 25 litres d'avoine. Les plus forts, ceux dont on exige le plus de travail, reçoivent à peu près la ration journalière suivante :

	PRINCIPES PLASTIQUES.	PRINCIPES RESPIRATOIRES	
		Saccharoïdes.	Corps gras.
Foin 7 kil.	504 gr.	3108 gr.	266 gr.
Avoine 10 »	1060 »	6190 »	550 »
Son 2 »	238 »	1052 »	80 »

Soit 288 gr. d'azote, et 5418 gr. de carbone dans les principes respiratoires.

Cette ration peut représenter 25^k,500 de foin.

Ces chevaux pèsent environ 700 kilogrammes, leur ration d'entretien étant de 1,800 grammes par 100 kilogrammes, soit 12^k,600; il reste comme ration de production, ration de travail, 10^k,700 valeur en foin.

Le travail dure de 5 heures du matin à 7 heures du soir, avec une interruption de 2 heures au milieu du jour, soit 12 heures. C'est donc 875 grammes de foin ou 203 grammes de carbone qu'ils ont à dépenser par heure de travail.

3° Les *chevaux* de M. Dailly, qui font le service *des omnibus du chemin de fer* de Vincennes, de la place de la Bastille à la Bourse, reçoivent par jour :

	PRINCIPES PLASTIQUES	PRINCIPES RESPIRATOIRES	
		Saccharoïdes.	Corps gras.
Avoine 9 kil.	954 gr.	5571 gr.	495 gr.
Foin 5 » 500 gr.	396 »	2442 »	209 »
Paille 5 » 500 »	170 »	2194 »	152 »
Son 0 » 580 »	69 »	293 »	25 »

Soit 254 gr. d'azote, et 5418 gr. de carbone dans les principes respiratoires.

Cette ration peut représenter :

    25 kil. 430 gr. de foin pour les éléments respiratoires.
    22 » 100 »   » pour les éléments plastiques.

Les chevaux pèsent environ 550 kilogrammes, supposons 500 kilogrammes. Leur ration d'entretien étant de 2^k,200 par 100 kilogrammes de leur poids, soit de 11 kilogrammes, il reste pour la ration de travail, si on ne considère que les éléments respiratoires, 12^k,450, valeur en foin.

Ces chevaux ont à effectuer un parcours moyen, journalier, de 17^k,500; c'est donc la valeur de 710 grammes de foin, soit à peu près 165 grammes de carbone qu'ils ont à consommer par kilomètre à parcourir.

4° Les *chevaux de la compagnie des omnibus*, qui font le service de la Bastille à la Madeleine (ligne des boulevards), reçoivent par jour :

	PRINCIPES PLASTIQUES.	PRINCIPES RESPIRATOIRES	
		Saccharoïdes.	Corps gras.
Foin　4 kil. 812 gr	346 gr.	2130 gr.	185 gr.
Paille　4　»　812　»	149 »	1920 »	115 »
Avoine 8　»　500　»	901 »	5261 »	467 »
Son　　0　»　800　»	95 »	413 »	32 »

Soit 258 gr. d'azote, et 5048 gr. de carbone dans les principes respiratoires.

Cette ration représente :

21 kil. 750 gr. de foin pour les éléments respiratoires.
20　»　750　»　　»　　pour les éléments plastiques.

Les chevaux doivent peser à peu près 450 kilogrammes, leur ration d'entretien étant de 2ᵏ,300 pour 100 kilogrammes de leur poids, soit 10ᵏ,350 ; il reste pour la ration de travail, si on ne considère que les éléments respiratoires, 11ᵏ,380, valeur en foin.

La longueur de la ligne est de 4 kilomètres 588 à parcourir en 34 minutes. Le parcours journalier est de 18 kilomètres 352. C'est donc la valeur de 620 grammes de foin, soit à peu près 142 grammes de carbone qu'ils ont à consommer par kilomètre à parcourir.

5° Pour les *chevaux de ferme*, nous donnons comme type de ration la ration que M. Boussingault fait donner à ses chevaux à la ferme de Bechelbronn. Elle est composée de :

	PRINCIPES PLASTIQUES.	PRINCIPES RESPIRATOIRES	
		Saccharoïdes.	Corps gras.
Foin　10 kil.	720 gr.	4440 gr.	380 gr.
Paille　2　»　500 gr. . . .	77 »	997 »	60 »
Avoine 5　»　250　» . . .	548 »	3236 »	180 »

Soit 185 gr. azote, et 5886 gr. de carbone dans les éléments respiratoires.

Cette ration représente :

> 16 kil. 730 gr. de foin pour les principes respiratoires.
> 15 » 950 » » pour les principes plastiques.

Ces chevaux pèsent en moyenne 500 kilogrammes. En retranchant de la ration totale 2^k,200 pour 100 kilogrammes, soit 11 kilogrammes pour ration d'entretien; il reste 5^k,730 de foin pour la ration de travail, en ne comptant que d'après les éléments respiratoires de la ration.

Ils travaillent de 8 à 10 heures par jour; si nous prenons la moyenne 9, c'est 640 grammes de foin ou 148 grammes de carbone qu'ils ont à dépenser par heure d'attelée.

6° La ration ordinaire des chevaux de troupe est ainsi composée. Dans la *grosse cavalerie :*

	PRINCIPES PLASTIQUES.	PRINCIPES RESPIRATOIRES	
		Saccharoïdes.	Corps gras.
Foin 5 kil.	360 gr.	2220 gr.	190 gr.
Avoine 3 « 800 gr. . . .	402 »	2352 »	200 »
Paille 4 «	124 »	1596 »	96 »

Soit 141 gr. d'azote et 3187 gr. de carbone dans les principes respiratoires.

Cette ration représente :

> 13 kil. 720 gr. de foin pour les éléments respiratoires.
> 12 » 370 » » pour les éléments plastiques.

Le poids de ces chevaux est au moins de 500 kilogrammes; leur ration d'entretien doit être de 2^k,200 par 100 kilogrammes de leur poids, soit de 11 kilogrammes.

7° Dans la *cavalerie de ligne*, chaque cheval reçoit :

	PRINCIPES PLASTIQUES	PRINCIPES RESPIRATOIRES	
		Saccharoïdes.	Corps gras.
Foin 4 kil.	288 gr.	1776 gr.	152 gr.
Avoine 3 « 400 gr. . . .	360 »	2104 »	187 »
Paille 4 «	124 »	1596 »	96 »

Soit 125 gr. d'azote, et 2824 gr. de carbone dans les principes respiratoires.

* Il est distribué à tous les chevaux de troupe 5 kilogrammes de paille qui sont déposés dans le râtelier. Les forts chevaux, surtout quand ils ont travaillé, la consomment presque en totalité : nous supposons qu'ils en mangent 4 kil. et qu'il en reste 1 kil. pour la litière.

Cette ration représente :

> 12 kil. 150 gr. de foin pour les éléments respiratoires.
> 10 » 740 » » pour les éléments plastiques.

Ces chevaux pèsent en moyenne 400 kilogrammes; leur ration d'entretien, 2^k,400 pour 100 kilogrammes de leur poids, doit être de 9^k,600.

8° Les chevaux de la *cavalerie légère* reçoivent :

	PRINCIPES PLASTIQUES.	PRINCIPES RESPIRATOIRES	
		Saccharoïdes.	Corps gras.
Foin 4 kil.	288 gr.	1775 gr.	152 gr.
Avoine 3 »	318 »	1857 »	165 »
Paille 4 »	124 »	1396 »	96 »

Soit 116 gr. d'azote; et 2695 gr. de carbone dans les principes respiratoires.

Cette ration représente à peu près :

> 11 kil. 600 gr. de foin pour les éléments respiratoires.
> 10 » 156 » » pour les éléments plastiques.

Ces chevaux pèsent 350 kilogrammes environ; leur ration d'entretien (2^k,500 par 100 kilogrammes de leur poids) est de 8^k,750.

La ration des chevaux de troupe est une ration d'entretien; elle ne représenterait, si nous en ôtions la paille, que la quantité de nourriture qui, d'après le poids des animaux, est considérée comme nécessaire pour les entretenir. C'est donc la paille seule qui forme leur ration de travail : destinée à fournir la litière, elle est à la disposition des animaux qui en mangent plus ou moins selon leurs besoins.

En cas de *marche militaire*, un supplément de 400 grammes d'avoine est accordé aux chevaux de la grosse cavalerie et de la cavalerie de ligne, et de 800 grammes aux chevaux de la cavalerie légère.

Sur le *pied de guerre*, la ration est augmentée de 2 kilogrammes de foin et de 400 grammes d'avoine pour les chevaux de la grosse cavalerie et de la cavalerie de ligne, et de 1 kilogramme de foin et de 800 grammes d'avoine pour les chevaux de la cavalerie légère : ce qui représente un supplément de ration que l'on peut évaluer à 29^{gr},8 d'azote et 595 grammes de carbone pour les premiers et à 25 grammes d'azote et 495 grammes de carbone pour les chevaux de la cavalerie légère.

En route, la ration de foin n'est augmentée que de 500 grammes, mais celle d'avoine l'est de 1^k,400 pour les chevaux de la grosse cavalerie et de la cavalerie de ligne, et de 1^k,800 pour les chevaux de la cavalerie légère ; ce qui fait une augmentation de 29 grammes d'azote et de 572 grammes de carbone pour les premiers, et de 56 grammes d'azote et 705 grammes de carbone pour les seconds.

Avec cette dernière ration, en route, on ne donne pas de paille.

III. — RAPPORT ENTRE LA NOURRITURE CONSOMMÉE ET LE TRAVAIL EFFECTUÉ

On ne pourrait pas augmenter sans perte, au delà d'une certaine mesure, la ration des chevaux de travail. Il faut n'exiger des animaux que des efforts proportionnés à la constitution de leur appareil locomoteur, à l'état de leurs organes respiratoires, à la force du cœur, et régler la ration d'après ces efforts. La nourriture qu'on distribuerait au delà serait perdue et produirait même un engraissement nuisible ou rendrait les animaux pléthoriques, selon la nature des aliments consommés. Si au contraire les animaux ne recevaient pas une ration proportionnée à leur travail, ils useraient leur propre substance, maigriraient d'abord et ne tarderaient pas à devenir malades.

La comparaison que l'on peut faire entre les rations que nous venons de rapporter, rations reconnues suffisantes pour entretenir en bon état les chevaux qui les reçoivent, fournit des données approximatives qui peuvent guider dans la fixation des rations.

Les gros chevaux qui font de fortes journées, mais en allant généralement au pas, reçoivent, en sus de la ration d'entretien, 870 grammes, valeur en foin, ou à peu près 200 grammes de carbone par *heure d'attelée*.

Dans la ration des chevaux de labour, que nous avons rapportée, la ration de travail est composée de 640 grammes valeur en foin, ou à peu près 148 grammes de carbone par heure d'attelée.

Dans les fermes, on augmente en effet la ration ordinaire des chevaux d'un litre d'avoine, soit de 450 grammes par heure de travail extraordinaire. Cette quantité d'avoine fournit 147 grammes de carbone.

Un cheval qui travaille au trot pendant quelques heures, deux heures et demie seulement comme ceux du service des omnibus de la Madeleine à la Bastille, consomme une ration aussi forte que celle des gros chevaux qui, pendant dix ou douze heures, traînent au pas de lourds fardeaux. Le parcours d'un kilomètre en huit minutes fait user à un cheval d'omnibus 145 grammes de carbone, quantité correspondant à celle qu'exige une heure d'attelée dans un cheval de labour.

Ces déductions, tirées de la composition des rations et du travail effectué par les animaux, concordent avec la pratique des hommes les plus expérimentés et les plus compétents. A Paris, M. Dailly faisait donner à ses chevaux de poste, pour ration de travail, 400 grammes d'avoine par chaque kilomètre que l'animal avait à parcourir. Ces 400 grammes d'avoine représentent une ration de travail de 130^{gr},5 de carbone par kilomètre.

Pour rationner convenablement les animaux selon le travail, il faut tenir compte du poids et de la valeur nutritive de la nourriture; il faut quand on augmente la ration donner des aliments plus alibiles et faire le contraire quand on veut la diminuer; remplacer par exemple un certain

poids de foin par des grains, ou des grains par du foin,
chercher en un mot à proportionner les rations aux besoins des animaux sans surcharger les organes digestifs.

En observant les animaux, l'avidité avec laquelle ils
mangent ; en tenant compte de leurs fatigues et en réglant
les rations d'après les principes qui précèdent, on peut
éviter les congestions, les paralysies, qu'on observe souvent sur des chevaux fortement nourris après trois ou
quatre jours de repos ; on peut éviter de même les affections graves, l'altération de la constitution, la morve, qui
tant de fois se manifestent sur des chevaux auxquels l'empierrement d'une route, la prolongation d'un relai, occasionnent un surcroît de fatigues.

<h2 style="text-align:center">IV. — MÉLANGES D'ALIMENTS POUVANT CONSTITUER DES RATIONS
ÉCONOMIQUES</h2>

Si l'on n'avait à considérer que le goût des animaux et la
facilité des services, on donnerait toujours aux chevaux du
foin et de l'avoine. Ces deux aliments renferment les matières nutritives essentielles, non pas en égale quantité, mais
selon les mêmes proportions (*voy.* p. 586), de sorte qu'il
suffit par exemple de diminuer la quantité de foin distribuée et d'augmenter celle d'avoine, pour accroître la ration sans en augmenter le poids et sans changer le rapport
entre les principes plastiques et les principes respiratoires.

Cependant au point de vue économique, il y aurait souvent avantage à les remplacer par d'autres substances alimentaires, et nous n'en possédons pas qui les représentent
exactement par leur composition, et qui soient prises avec
plaisir par les chevaux ; les unes renferment trop de principes plastiques relativement à leurs principes respiratoires,
d'autres sont trop aqueuses, quelques-unes sont trop chargées de principes insolubles non nutritifs. Ce n'est donc

que par des mélanges que nous pouvons composer, sans foin ni avoine, des rations appropriées aux chevaux de travail.

Jusqu'ici on a cherché à obtenir ce résultat, plutôt en modifiant les propriétés physiques des aliments à l'aide du hache-paille, du concasseur, qu'en cherchant à les associer d'après leur composition chimique, de manière à faire une ration équivalente à celle qu'on voulait remplacer. Aussi, de toutes les rations prétendues économiques qu'on a conseillées en si grand nombre depuis trente ou quarante ans, aucune n'est restée.

Quelques exemples suffiront pour démontrer que l'on peut, sans que la santé des animaux en souffre, remplacer, dans la ration, l'avoine par d'autres grains, et même nourrir très-bien les chevaux sans foin ni avoine ; et, en second lieu, qu'il est possible, par un mélange raisonné de substances alimentaires, de diminuer d'une manière sensible le prix des rations,

1° Un cheval de service à l'École vétérinaire d'Alfort, du poids de 450 kilogrammes, qui recevait par jour une ration, foin et avoine, contenant 164 grammes d'azote et 3,177 grammes de carbone dans ses éléments respiratoires a été mis à la ration suivante :

	PRINCIPES PLASTIQUES.	PRINCIPES RESPIRATOIRES	
		Saccharoïdes.	Corps gras.
Foin 7 kil. 500 gr. . .	540 gr.	3550 gr.	285 gr.
Orge 5 » 500 » . .	402 »	2292 »	98 »
Chénevis 0 » 600 » . .	97 »	141 »	201 »

Soit 166 gr. d'azote; et 3121 gr. de carbone dans les éléments respiratoires.
1878 carbone pour 100 azote. — Les corps gras à l'azote : : 551 : 100.

Cette ration représente 15^k,450 de foin.

Au mois d'octobre, le cheval eut à faire un double service et la ration qui, déduction faite de la ration d'entretien, ne laissait que 5^k,100 pour ration de travail fut insuffisante. Il conservait son énergie, mais il maigrissait. Elle a été portée graduellement à :

| | PRINCIPES PLASTIQUES. | PRINCIPES RESPIRATOIRES | |
		Saccharoïdes.	Corps gras.
Foin 7 kil. 500 gr. . . .	540 gr.	3530 gr.	285 gr.
Orge 6 »	680 »	5950 »	168 »
Chènevis 1 »	165 »	256 »	336 »

Soit 222 gr. d'azote; et 4099 gr. de carbone dans les éléments respiratoires 1840 carbone pour 100 azote. — Les corps gras à l'azote : : 354 : 100.

C'est à peu près 17^k,640 de foin.

Il y aurait eu avantage à remplacer dans cette ration 400 grammes de chènevis, qui renferment 10 grammes d'azote et 201 grammes de carbone, par 2 kilogrammes de paille qui auraient donné la même quantité d'azote et 592 grammes de carbone. Mais l'impossibilité de mêler la paille aux grains sans la hâcher limite dans beaucoup de circonstances l'emploi de cet aliment.

Le cheval, dont nous venons de rapporter la ration, n'a pas reçu d'avoine depuis le commencement de juillet jusqu'à la fin de novembre; quoiqu'il ait fait, pendant 6 semaines, un service très-pénible, il n'a pas cessé d'avoir beaucoup de vigueur et de présenter tous les signes d'une bonne santé.

2° Pendant la campagne du Mexique, les chevaux de l'expédition recevaient par jour et par tête :

Les chevaux d'origine française et des états-majors :

> Maïs. . . . . . 5 kil.   Saccate. . . . . . 7 kil.

Les chevaux et mulets arabes, mexicains et des îles :

> Maïs. . . . . . 4 kil.   Saccate. . . . . . 6 kil.

L'alimentation ainsi combinée renferme, dit M. Liguistin, tous les éléments d'une nutrition parfaite. Nous puisons cette vérité dans l'excellent état de santé de nos animaux, malgré la continuité des travaux auxquels ils ont dû satisfaire et les rudes fatigues qu'ils ont endurées[1].

[1] *Journal de médecine vétérinaire militaire*, t. VII. Novembre 1868, p. 565.

Déjà de Humboldt nous avait appris qu'il y a dans les mines du Mexique 14,000 mulets exclusivement nourris toute l'année avec du maïs. Postérieurement, M. Boussingault a fait connaître que des chevaux employés à l'épuisement de mines, qui faisaient au trot un travail de quatre heures par jour, recevaient :

Maïs. . . . . 9 kil. 260 gr.   Paille de blé. . . . 5 kil. 780 gr.

M. Liguistin rapporte avoir vu des mulets mexicains qui font, dans l'État de San Luis de Potosi, un travail de dix heures par jour, dont cinq au trot, avec une nourriture composée de :

Maïs, 3 à 5 kilogr. et paille de blé ou saccates.

Notre confrère ajoute qu'il est difficile de voir des animaux ayant un œil plus vif, un poil plus fin, plus de vigueur et plus d'énergie que ces infatigables mulets.

Ne connaissant pas la composition des feuilles de maïs desséchées ou *saccates*, nous ne pouvons comparer les rations qui ont si bien entretenu les chevaux au Mexique aux rations normales, mais ces exemples n'en prouvent pas moins la possibilité de bien entretenir tous les chevaux sans foin ni avoine.

3° A Londres, la compagnie des omnibus[1] donne à ses chevaux la ration suivante :

	PRINCIPES PLASTIQUES.	PRINCIPES RESPIRATOIRES	
		Sac. hydraldes.	Corps gras.
Foin 1 kil. 820 gr.	151 gr.	808 gr.	69 gr.
Trèfle ou sainfoin, 1 kil 820. .	195 »	715 »	58 »
Paille 910 gr.	28 »	363 »	22 »
Avoine 7 kil.	742 »	4333 »	385 »
Maïs 1 kil. 330.	166 »	950 »	133 »

Soit 201 gr. d'azote ; et 3815 gr. de carbone dans les principes respiratoires.

1892 carbone pour 100 azote. — Les corps gras à l'azote : ; 351 : 100.

Ne connaissant ni le poids des chevaux, ni le travail effec-

<hr>

[1] *Les omnibus à Paris et à Londres*

tué, nous ne pouvons apprécier cette ration qu'au point de vue de sa composition. Nous ferons remarquer que les éléments respiratoires et les éléments plastiques, et même les corps gras, s'y trouvent en même proportion que dans le foin et l'avoine. Le maïs et la paille, en raison de leur richesse en principes respiratoires, complètent le foin des légumineuses, et l'emploi de ces trois aliments, qui fournissent au plus bas prix : les légumineuses, l'azote ; la paille, le carbone ; le maïs, l'azote et le carbone (*voy.* page 408) fait certainement réaliser une économie sur l'ensemble de la ration. (*Voy.* page 599.)

4° Notre confrère, M. Naudin, a composé un biscuit dans lequel il fait entrer :

		PRINCIPES PLASTIQUES.	PRINCIPES RESPIRATOIRES	
			Saccharoïdes.	Corps gras.
Foin	4 kil. . . .	288 gr.	1776 gr.	152 gr.
Paille	2 » . . .	62 »	798 »	48 »
Avoine	4 » . . .	424 »	2476 »	220 »
Farine d'orge	2 » . . .	450 »	1310 »	56 »
Farine de lin	0 » 250 .	54 »	47 »	97 »

Soit 469 gr. d'azote ; et 5582 gr. de carbone dans les éléments respiratoires. 2001 carbone pour 100 azote. — Les corps gras à l'azote : : 559 : 100.

Cette ration, qui représente 14^k,550 de foin, est rationnelle quant à sa composition chimique. La paille et la farine de lin complètent l'orge au point de vue des principes respiratoires, et le tout forme un mélange dans lequel les principes constituants de la nourriture sont dans les mêmes proportions que dans le foin et l'avoine. Les chevaux que M. Naudin a fait nourrir pendant quelque temps avec le biscuit qu'il a composé, ont toujours été en très-bon état.

Nous avons fait remarquer, en étudiant les principes immédiats de la nourriture, qu'il ne suffit pas que le carbone soit en quantité suffisante dans une ration pour qu'elle soit favorable aux chevaux de travail, qu'il faut encore que le carbone soit fourni plutôt par les corps gras que par les saccharoïdes. Pour appuyer notre manière de voir nous donnerons les exemples suivants :

Une ration pourrait être composée de :

		PRINCIPES PLASTIQUES.	PRINCIPES RESPIRATOIRES	
			Saccharoïdes.	Corps gras.
Foin	5 kil.	360 gr.	2220 gr.	190 gr.
Paille	2 » 500 gr.	77 »	997 »	60 »
Avoine	5 » . . .	348 »	1857 »	165 »
Pommes de terre 14 » . . .		550 »	2828 »	28 »

Soit 177 gr. d'azote ; et 3844 gr. de carbone dans les éléments respiratoires. 2171 carbone pour 100 azote. — Les corps gras à l'azote :: 250 : 100.

Elle pourrait l'être aussi par :

		PRINCIPES PLASTIQUES.	PRINCIPES RESPIRATOIRES	
			Saccharoïdes.	Corps gras.
Foin 5 kil.		500 gr.	2220 gr.	190 gr.
Paille 2 » 500 gr. . . .		77 »	997 »	60 »
Avoine 5 »		348 »	1857 »	165 »
Maïs 5 »		369 »	2112 »	297 »

Soit 180 gr. d'azote ; et 3876 gr. de carbone dans les éléments respiratoires. 2154 carbone pour 100 azote. — Les corps gras à l'azote :: 395 : 100.

Ces deux rations, qui contiennent la même quantité à peu près d'azote et de carbone, ne diffèrent, on le voit, que par la substitution du maïs aux pommes de terre, c'est-à-dire par la substitution d'un aliment qui fournit à la ration 297 grammes de corps gras, à un autre aliment qui ne lui en fournit que 28 grammes. La première peut suffire à des chevaux de labour. Mais personne ne voudrait l'administrer à des chevaux ayant à faire un service exigeant des allures rapides. Ajoutons que si on avait à acheter les deux aliments, pommes de terre et maïs, ou si l'on avait une égale facilité pour les vendre, on ferait sur la ration, aux prix du mois de février 1869, une économie de 40 centimes environ en faisant consommer le grain.

M. de Tünen, dans le Mecklembourg, entretient ses chevaux de ferme, même dans la saison des plus forts travaux, avec une ration composée de :

		PRINCIPES PLASTIQUES.	PRINCIPES RESPIRATOIRES	
			Saccharoïdes.	Corps gras.
Foin	5 kil.	560 gr.	2220 gr.	190 gr.
Avoine	2 » 575 gr.	254 »	1470 »	150 »
Pommes de terre	10 »	250 »	2200 »	20 »
Pois	2 »	443 »	1220 »	4o »

De la paille hachée était toujours administrée avec le grain, nous ne savons pas en quelle quantité. Cinq kilogrammes seraient nécessaires pour que la ration renfermât autant de carbone que le foin et l'avoine, et alors on aurait une ration contenant :

251 gr. d'azote ; et 4426 gr. de carbone dans les éléments respiratoires. 1916 carbone pour 100 azote, — Les corps gras à l'azote :: 216 : 100.

Dans les exploitations rurales surtout, il est souvent rationnel de faire consommer la paille par les chevaux. Ainsi 5 kilogrammes de foin qui contiennent :

	PRINCIPES PLASTIQUES.	PRINCIPES RESPIRATOIRES	
		Saccharoïdes.	Corps gras.
	560 gr.	2220 gr.	190 gr.

Soit 57ᵏ,5 d'azote ; et 4461 gr. de carbone dans les éléments respiratoires.

pourraient dans plusieurs circonstances être avantageusement remplacés par :

		PRINCIPES PLASTIQUES.	PRINCIPES RESPIRATOIRES	
			Saccharoïdes.	Corps gras.
Foin de luzerne	2 kil. . .	240 gr.	856 gr.	70 gr.
Paille	4 » . .	124 »	1596 »	96 »

Soit 58 gr. d'azote ; et 1221 gr. de carbone dans les éléments respiratoires. 2097 carbone pour 100 azote. — Les corps gras à l'azote :: 285 : 100.

Un mélange qui renfermerait aussi la même quantité de principes alimentaires que 5 kilogrammes de foin et même un excès de carbone, serait celui formé par :

	PRINCIPES PLASTIQUES.	PRINCIPES RESPIRATOIRES	
		Saccharoïdes.	Corps gras.
Paille 6 kil.	186 gr.	2594 gr.	144 gr.
Féveroles 0 » 600 gr. . . .	178 »	299 »	12 »

Soit 58 gr. d'azote, et 1319 gr. de carbone dans les éléments respiratoires.
2278 carbone pour 100 azote. — Les corps gras à l'azote :: 268 : 100.

Dans ces mélanges, le carbone et l'azote sont en proportion convenable, mais le premier de ces corps est fourni en quantité proportionnellement plus grande par les saccharoïdes. Aussi est-ce plutôt une nourriture convenable pour des chevaux de ferme que pour des chevaux que l'on a besoin de nourrir fortement.

Les graines légumineuses et la paille sont les deux aliments extrêmes, les unes par leur richesse en azote, l'autre par sa richesse en carbone proportionnellement à son azote, et cependant il est difficile, en les associant, d'obtenir une ration convenable pour des chevaux que l'on tient à bien nourrir : la quantité de paille nécessaire pour fournir à une ration dans laquelle il entre des graines légumineuses, une proportion suffisante d'éléments carbonés, est trop considérable ; elle donne une trop forte proportion de principes insolubles, et la ration est lourde, volumineuse ; ses principes respiratoires sont trop peu concentrés, pour constituer une ration telle que la réclament des chevaux soumis à des services très-pénibles.

On peut se rapprocher des rations types en ajoutant aux graines légumineuses et à la paille un aliment qui renferme sous un petit volume une forte quantité de principes respiratoires.

Ainsi, dans la ration donnée page 428, si on remplaçait les 10 kilogrammes de pommes de terre et les 5 kilogrammes de paille par 1 kilogramme de graines de chènevis et 7 kilogrammes de paille, on aurait :

229 gr. d'azote, et 4575 gr. de carbone dans les éléments respiratoires
1910 carbone pour 100 azote. — Les corps gras à l'azote :: 377 : 100.

Ce qui diminuerait le poids de la ration de 7 kilogrammes et procurerait même une économie sensible.

L'association de ces deux fournisseurs de principes respiratoires, paille et graines oléagineuses, est indispensable quand on veut composer des rations semblables à la ration type avec des aliments insuffisants. C'est surtout en les réunissant aux grains des céréales que l'on peut former des mélanges qui, sans être trop volumineux, constituent d'excellentes rations, et permettent d'utiliser des grains qu'il serait souvent avantageux de faire consommer, alors que l'avoine est à un prix très-élevé. Exemples :

		PRINCIPES PLASTIQUES.	PRINCIPES RESPIRATOIRES	
			Saccharoïdes.	Corps gras.
Seigle	5 kil.	354 gr.	2001 gr.	54 gr.
Chènevis	0 » 500 gr.	81 »	118 »	168 »
Paille hachée 1 »		34 »	500 »	24 »

Soit 74 gr. d'azote ; et 1354 gr. de carbone dans les éléments respiratoires. 1815 carbone pour 100 azote. — Les corps gras à l'azote : : 330 : 100.

On encore :

		PRINCIPES PLASTIQUES.	PRINCIPES RESPIRATOIRES	
			Saccharoïdes.	Corps gras.
Orge	5 kil. 500 gr.	404 gr.	2292 gr.	98 gr.
Chènevis	0 » 500 »	81 »	118 »	168 »
Paille hachée 0 » 500 »		15 »	199 »	12 »

Soit 79 gr. d'azote ; et 1451 gr. de carbone dans les éléments respiratoires. 1824 carbone pour 100 azote. — Les corps gras à l'azote : : 330 : 100.

peuvent remplacer la quantité d'avoine qu'ils représentent en poids.

Nous avons vu que le grain de maïs forme une excellente nourriture, pouvant entretenir en parfait état les chevaux employés aux travaux les plus pénibles. Il contient proportionnellement à l'azote un peu plus de carbone que l'avoine et surtout beaucoup plus de corps gras, ce qui permet de lui adjoindre une petite quantité d'aliments insuffisants, et de constituer ainsi des rations vraiment économiques :

Maïs. . . 5 kil. — Maïs. . . 5 kil. — Maïs. . . 5 kil.
Sarrasin. 1 » — Orge. . . 1 » — Seigle.. . 1 »

Trois mélanges qui, par leur composition, représentent chacun à peu près 5 kilogrammes d'avoine et coûteraient de 60 à 65 centimes, alors que les 5 kilogrammes d'avoine coûteraient plus de 1 franc :

Maïs. . . . . . 4 kil. Blé. . . . . . 1 kil.

représentent exactement la composition de 6 kilogrammes d'avoine et procureraient une économie de 40 centimes.

« Le mélange, maïs et orge, constitue, dit M. Liguistin qui en a bien étudié les effets au Mexique, un aliment complexe qui participe des propriétés nutritives de l'une et de l'autre substance. Les chevaux de l'état-major général de l'armée expéditionnaire, qui appartenaient à différentes races, mais étaient tous d'un grand prix, n'ont pas reçu d'autre nourriture, et, nonobstant le travail soutenu auquel ils ont dû satisfaire, ils ont conservé une énergie, une force, une vigueur et une santé qui leur ont permis de supporter les plus rudes fatigues. »

Quand le maïs forme la base d'une ration, on peut y introduire des féveroles, et l'on a alors un mélange dans lequel tous les éléments constituant la nourriture sont fournis au plus bas prix. Ainsi :

	PRINCIPES PLASTIQUES.	PRINCIPES RESPIRATOIRES	
		Saccharoïdes.	Corps gras.
Maïs 4 kil. . . .	492 gr.	2810 gr.	396 gr.
Féveroles 0 » 500 gr.	148 »	249 »	10 »
Paille hachée 1 »	51 »	599 »	24 »

Soit 107 gr. d'azote; et 2075 gr. de carbone dans les éléments respiratoires.
1930 carbone pour 100 azote. — Les corps gras à l'azote :: 400 : 100.

représentent plus de 6 kilogrammes d'avoine et coûteraient à peine 80 centimes.

Enfin un mélange des plus avantageux est celui formé par le maïs et une petite quantité de foin des légumineuses :

	PRINCIPES PLASTIQUES.	PRINCIPES RESPIRATOIRES	
		Saccharoïdes.	Corps gras.
Luzerne 2 kil.	240 gr.	836 gr.	70 gr.
Maïs 8 »	984 »	5632 »	792 »

Soit 195 gr. d'azote ; et 5755 gr. de carbone dans les éléments respiratoires. 1925 carbone pour 100 azote. — Les corps gras à l'azote : : 442 : 100

donnent les mêmes éléments nutritifs que 11ᵏ,500 d'avoine et coûteraient, en février 1869, 1 fr. 58, tandis que la quantité d'avoine qu'ils représentent coûterait 2 fr. 40.

En résumé, les substitutions des aliments les uns aux autres sont plus apparentes que réelles : le sucre, la glucose, la fécule, sont identiques dans tous les végétaux ; il en est à peu près de même des albuminoïdes, et les corps gras, quoique ayant des propriétés physiques différentes, se ressemblent aussi beaucoup par leur composition chimique, de sorte qu'on peut changer les aliments sans changer pour ainsi dire la nourriture. Nous croyons donc que, dans la composition des rations, on peut prendre en grande considération le prix des denrées alimentaires, sans s'exposer à nuire à la santé des animaux, et, pour comprendre combien il peut être avantageux de faire consommer un aliment plutôt qu'un autre, il suffit de se reporter au tableau (page 408), qui donne le prix de revient des éléments plastiques et des éléments respiratoires selon les aliments qui les fournissent. On y voit qu'en raison du prix élevé du foin et de l'avoine, il est facile de constituer des rations avantageuses au point de vue économique et favorables à la santé des animaux.

§ 4. — De la préparation et de l'administration de la nourriture.

Quand on donne aux chevaux du foin et de l'avoine, la nourriture ne doit subir aucune préparation, mais quand on veut remplacer ces aliments par d'autres qu'il y a souvent intérêt à faire consommer, il peut être avantageux de les diviser, de les faire cuire, etc... Pendant quelques années même, on a préconisé la division du foin et de l'avoine au moyen du hache-paille, du concasseur, comme pouvant produire de grandes économies dans la nourriture des chevaux. Sous prétexte que dans les crottins on trouve, quand les animaux sont nourris à l'avoine, de fortes quantités de grains entiers qui, n'ayant pas été écrasés dans la bouche n'ont pas été digérés, on a avancé qu'en hachant le fourrage, en écrasant ou en aplatissant les grains et les graines, on pouvait économiser le quart et même le tiers des rations ordinaires, composer des rations économiques. On a rendu les animaux malades faute d'une nourriture suffisante, tout en faisant des frais de manutention supérieurs à l'économie réalisée.

Des expériences faites de plusieurs manières[1] nous ont prouvé que, même lorsque les chevaux reçoivent de fortes rations d'avoine, il n'y a dans leurs excréments que de petites quantités de grains entiers ; que, pour le foin et l'avoine, l'économie que l'on peut réaliser en les divisant avec le hache-paille et le concasseur, ne paye pas la main-d'œuvre.

La division des aliments n'exerce aucun effet sur la composition chimique des substances qui les subissent, et, par conséquent, elle ne les rend pas plus nutritives. Elle n'est donc utile que pour les substances trop volumineuses, trop dures pour être prises par les animaux : pour l'ajonc épineux, pour la paille de colza, pour les féveroles, pour le maïs, etc. ; il peut aussi y avoir avantage à diviser l'orge, le seigle, le sarrasin, que les chevaux écrasent moins bien que l'avoine. La paille, qu'il peut être avantageux de hacher surtout quand elle n'est pas de première qualité, quand elle est dure, doit l'être nécessairement quand on veut la mélanger avec des grains et des graines ; elle doit l'être aussi quand elle est vieille et poudreuse : le hache-paille, surtout

[1] *Hygiène générale*, t. III, p. 157.

s'il est pourvu d'un tarare, vanne, nettoie les denrées sur lesquelles il s'exerce et produit ainsi un très-bon effet sur les chevaux.

La *cuisson*, la *fermentation*, la *macération*, etc., modifient ou peuvent modifier les substances sur lesquelles on les fait agir, même au point de vue de leur composition chimique. On peut, en les employant, faire consommer des denrées de peu de valeur. Mais on réserve d'ordinaire la pratique de ces moyens de préparation pour la nourriture des vaches laitières, pour celle des bœufs à l'engrais. On les emploie cependant quelquefois, mais rarement, pour les chevaux et seulement dans les exploitations rurales.

Nous avons commencé l'étude de la nourriture par l'étude des aliments, de leur composition, de leurs effets. Nous la terminerons par l'indication des règles qui doivent être suivies, quant à l'*administration des rations*. Pour nourrir méthodiquement le cheval, il faut se rappeler qu'il a l'estomac petit, qu'il est dépourvu de vésicule biliaire ; que, dans l'état de nature, il mange souvent et longtemps : dans nos pâturages peu fertiles, il cesse à peine de manger quelques instants quand il y reste en liberté. Organisé pour manger lentement des fourrages peu nutritifs, le cheval doit cependant être nourri, quand il est soumis à des travaux pénibles et de longue durée, avec des aliments substantiels et assez consistants, ce qui nécessite certaines précautions.

Chez le cheval, la digestion stomacale est très-prompte. Une partie de la nourriture est parvenue dans l'intestin avant la fin du repas, même quand les chevaux mangent au râtelier, quoique leurs repas soient alors de courte durée. Le passage de la nourriture par le pylore est facilité par la grande quantité de liquide que fournissent les glandes salivaires pendant la mastication.

Il arrive cependant, surtout quand les animaux reçoivent

des aliments secs, du son, de l'avoine en fortes quantités et qu'ils les avalent avec précipitation, que les fonctions de l'estomac sont moins rapides que la déglutition, soit parce les aliments sont trop résistants, soit parce que le liquide qui doit les délayer est en quantité insuffisante. Les aliments s'accumulent alors dans l'estomac et le *surchargent*. Le mot est reçu. C'est une indigestion par *surcharge d'aliments*, affection très-grave qui assez souvent se complique du vertige.

Pour prévenir ces accidents, il faut distribuer les aliments par petites quantités, surtout aux chevaux connus comme mangeant avec précipitation, et, si l'on administre des aliments différant par leur digestibilité, donner à la fin du repas ceux qui résistent le plus aux forces digestives et faire boire assez souvent.

On a généralement l'habitude de commencer la distribution des aliments à chaque repas, par ceux que les animaux appètent le moins, et de terminer par ceux qu'ils recherchent le plus. Ce mode de distribution engage les chevaux à prendre de fortes rations de production, lors même qu'ils sont nourris avec des aliments ordinaires ; mais il pousse au développement de l'abdomen, alourdit les animaux et peut d'ailleurs contribuer à produire des indigestions. Il est préférable, pour les chevaux de travail très-fortement nourris, de même que pour les poulains de choix, de distribuer d'abord les denrées les plus appétées ; les animaux cessent de manger à temps et sont plus aptes à travailler.

Rien n'est plus dangereux pour les chevaux que d'être attelés à une diligence, à une malle-poste, immédiatement après qu'ils ont terminé un fort repas. Sans aller jusqu'à suivre le précepte des Arabes, qui disent : « Le cheval marche avec la nourriture de la veille et non avec celle du jour, » et qui donnent l'orge à leur monture le soir pour le lendemain, il faut administrer l'avoine aussitôt que les che-

vaux rentrent à l'écurie. Plusieurs industriels préfèrent en
donner à discrétion : les animaux en ont toujours dans la
crèche, ils ne mangent que ce qui leur est nécessaire et
sont toujours prêts à être attelés; mais on ne peut agir
ainsi que lorsque les animaux travaillent beaucoup, parce
qu'alors ils payent largement leur nourriture et ne sont pas
exposés à devenir trop gras.

TABLE